"科学的力量"丛书
Power of science
第三辑

U0397762

国家出版基金项目
NATIONAL PUBLICATION FOUNDATION

"十四五"时期国家重点出版物
出版专项规划项目

Into the Gray Zone

A Neuroscientist Explores
the Border Between Life and Death

生命之光

——神经科学家探索生死边界之旅

[英]艾德里安·欧文 著

胡楠荼 狄海波 译

上海教育出版社
SHANGHAI EDUCATIONAL
PUBLISHING HOUSE

意识障碍患者——也就是本书讲述的主要群体，是一类极其特殊的人群。他们游离在生死边界，陷入意识的灰色地带。欧文教授在书中讲述了他孜孜不倦地运用最新科技，努力"找到"这些受困的个体的旅程，十分精彩。很多人对这类群体的认识还很有限，阅读本书，会开启一个全新的世界。

燕铁斌

中国康复医学会副会长

中山大学康复治疗学系副主任、教授、博导

《中国康复医学杂志》副主编

《中国康复》副主编

"科学的力量"丛书（第三辑）

序

  科学是技术进步和社会发展的源泉，科学改变了我们的思维意识和生活方式；同时这些变化也彰显了科学的力量。科学和技术飞速发展，知识和内容迅速膨胀，新兴学科不断涌现。每一项科学发现或技术发明的后面，都深深地烙下了时代的特征，蕴藏着鲜为人知的故事。

  近代，科学给全世界的发展带来了巨大的进步。哥白尼的"日心说"改变了千百年来人们对地球的认识，原来地球并非宇宙的中心，人类对宇宙的认识因此而产生了第一次飞跃；牛顿的经典力学让我们意识到，原来天地两个世界遵循着相同的运动规律，促进了自然科学的革命；麦克斯韦的电磁理论，和谐地统一了电和磁两大家族；维勒的尿素合成实验，成功地连接了看似毫无关联的两个领域——有机化学和无机化学……

  当前，科学又处在一个无比激动人心的时代。暗物质、暗能量的研究将搞清楚宇宙究竟是由什么组成的，进而改变我们对宇宙的根本理解；望远镜技术的发展将为我们寻找"第二个地球"提供清晰的路径……

  以上这些前沿研究工作正是上海教育出版社推出的"科学的力量"丛书（第三辑）所收录的部分作品要呈现给读者的。这些佳作将展现空间科学、生命科学、物质科学等领域的最新进展，以通俗易懂的语言、生动形象的例子，展示前沿科学对社会产生的巨大影响。这些佳作以独特的视角深入展现科学进步在各个方面的巨大力量，带领读者展开一次愉快的探索之旅。它将从纷繁复杂的科学和技术发展史中，精心筛选有代表性的焦点或热点问题，以此为突破口，由点及面地展现科学和技术对人、对自然、对社会的巨大作用和重要影响，让人们对科学有一个客观而公正的认识。相信书中讲述的科学家在探秘道路上的悲喜故事，一定会振奋人们的精神；书中阐述的科学道理，一定会启示人们的思想；书中描绘的科学成就，一定会鼓励读者的奋进；书中的点点滴滴，更会给人们一把把对口的钥匙，去打开一个个闪光的宝库。

科学已经改变，并将继续改变人类及人类赖以生存的世界。当然，摆在人类面前仍有很多不解之谜，富有好奇心的人类，也一直没有停止探索的步伐。每一个新理论的提出、每一项新技术的应用，都使我们离谜底更近了一步。本丛书将向读者展示，科学和技术已经产生、正在产生及将要产生的乃至有待我们去努力探索的巨大变化。

感谢中国科学院紫金山天文台常进研究员在本套丛书的出版过程中给予的大力支持。同时感谢上海教育出版社组织的出版工作。也感谢本套丛书的各位译者对原著相得益彰的翻译。

是为序。

南京大学天文与空间科学学院教授
中国科学院院士
发展中国家科学院院士
法国巴黎天文台名誉博士

方成

中文版推荐序

本书是一本关于脑与意识、身与人、生与死之间神奇边界的科普专著，作者是神经科学家艾德里安·欧文（Adrian Owen）。翻开本书，我们可以聆听他为我们娓娓讲述他探索意识前沿的这段旅程，有惊心动魄，有风平浪静，有一筹莫展，有柳暗花明……他在讲述故事的同时还渗透了很多心理学和脑科学的知识，让读者体会到科学原来如此有意思、有意义、有价值，在帮助患者的同时还能启发读者对生命的哲学思考以及对自己的生涯规划。

胡楠茶是本书的译者之一，毕业于浙江大学心理与行为科学系，在美国明尼苏达大学心理系学习过，现就职于杭州师范大学国际植物状态和意识科学研究所。心理学的背景、留学及多年在意识和意识障碍领域的研究经历，使她很好地领会并了解本书的内容，所以译文通顺流畅。相信本书能为身处灰色地带患者的家人带来希望，为对脑与意识感兴趣的读者带来启示，为我国意识神经科学的发展带来推动。

中国科学院院士

唐孝威

2020 年 10 月

译 者 序

艾德里安·欧文（Adrian Owen）教授是意识研究领域中的重要科学家，本书叙述的是一个个他亲身经历的与病患互动的案例，有些是他的至亲。读来引人入胜，又让人唏嘘感慨。本书出版后同时进入德国和加拿大畅销书前十，不仅显示欧文教授的文学才华，更显示本书内容在广大读者中引起的共鸣。我还知道，欧文教授还是一名大提琴演奏家。书中提到，他进行意识障碍（DOC）的研究与他的朋友、神经科医生史蒂文·洛雷（Steven Laureys）教授有很大关系。洛雷教授是我的博士后导师，也是我的好朋友。他闲谈时称这是一本科学家写的书，他的意思是，书中所选的案例和理念都是完美主义的。洛雷教授是享誉全球的 DOC 专家，他自然见过无数的 DOC 患者，在他的从医经验中，除了像书中提到的能截然可辨的情形外，在他的患者库中还有各种形形色色的案例。

进入灰色地带①的人可以指不同的人。我们这些做临床 DOC 研究的都可以算是进入灰色地带的。但是，欧文教授笔下带着感情的文字，将研究者和患者的界限划得分外清楚。书中提到的这些案例，

---

① 书中所说的"灰色地带"是指介于完整意识和脑死亡之间的中间状态。

作者称其为进入灰色地带的患者,真的是一群太特殊的人。他们往往是车祸或脑血管意外等不幸事件的幸存者,由于急救技术的提高,大量原本会死亡的患者被救活了。在后 ICU 及随后的阶段,这类患者数量很大,且几乎完全失能,需要旁人不间断地照顾,书中提到的每个患者的家属所做的努力都让人印象深刻。

中国也有这样的患者,也有这样的家属。儒家文化背景下,家属的努力和付出可能更加可歌可泣。清醒的患者有他们的主观世界,与正常人是一样的。身体的困境使他们很挣扎,其中有些人调整好了,也会安之若素,尤其是他们的家属和旁人给他们提供爱和包容时。意识不清或不稳定者,我们难以进入他们的内心世界。患者家属,尤其是长时间存活者的家属,他们是值得所有人敬重的,他们挑起了所有加在身上的额外重担,却很难有可观的回报。

这类患者是最极致的失能人群,残存的意识装在严重损伤的大脑中,有些甚至完全没有意识。照理说,如果真的没有意识,倒也罢。可是有些家庭并不希望认清这个现实,心里存着患者还有意识的希望,他们会一点点地演绎患者有意识的证据。他们往往会自认为患者与他们一起活着,因为看起来,患者会呼吸,偶尔会出现若有若无的反应,根据这些信息就能构建起家庭完整的幻觉。这样的幻觉,一家人小心翼翼地维持着,且不希望我们这些"好事者"来打破。

那些完全清醒者,往往会有被误解为"植物人"的经历。被误解时,有的像被无情入殓的活人一样,经历是非常可怕的。有些在黑暗中敲起棺材板,部分被人幸运地听到,那是怎样的惊喜啊!有些根本活动不了,连自杀的可能性都没有。这类没有被发现的清醒者,年复一年,这是多么不幸的生存状态呀!我们设想这些身处无尽孤独中的人们,如果能自觉历练,恐怕会修成正果。书中提到的一名法国时尚杂志的主编也曾身处这样的境况,被幸运发现后,写了一本名为《潜水钟与蝴蝶》的回忆录,回忆录中描述了当时的生存状态。书名中的"潜水钟"是指无运动能力的躯体,"蝴蝶"是指被禁锢在无望的躯体中的可以自由飞翔的意识之蝶。

一方面,临床上,也有一些清醒的患者,他们与自己的至亲有默契,外人去临床探测时,他们内心会拒绝进入外人给他提供的语境,并不希望加入外人的行列,不做出反应。因此,临床上有一类不愿反应者。在这类患者的心中,至亲是唯一的依赖。如果经验不足,没有与家属进行充分沟通,会引起误诊。

另一方面,就是进入灰色地带的另一群人——医务工作者,其实是研究者。虽然基于证据链的工作确实能推动临床的进步,但是基于我们手头所从事的某一个孤立的证据很难给患者带来真正的福祉。知道这类人群的情形,我们能做些什么呢?练就一双"火眼金睛"来分辨他们的意识情形,应该是需要做的第一位工作,即使有不愿被识破的患者和家属,终究是特殊情形下的少数。不过,这双"好眼睛"绝对不可能是人的肉眼。即使有非常丰富的经验也别太自信,像欧文教授所说的:"家属偏向于将无意识认作有意识,专家偏向于忽略有意识的证据。"对很多专家而言,可能需要放下专家的自负,用本书中欧文教授宣称的好工具,看看有多少新的来自患者头脑深处的发现。可是,即使有了确定的发现,对很多人而言,好处无非是家人知道了他的真实情形,会安心一些,但对患者本人的进一步救治,

3

往往也是于事无补的。

因为,您可能也知道,对这类患者的诊断其实就是意识有无的判定。在日常生活中,我们都是意识判定的绝顶高手,我们靠的是对方的行为证据。但是,对缺少行为表达的患者而言,纵然有体察入微的心灵也没有用。这就是识别患者的意识如此艰难的原因。

就像欧文教授在书中所说的,处于生命灰色地带的人群中,有三分之一左右是完全没有意识的,十分之一左右是完全有意识的。除去这两类极端者外,我们可以得出结论:有超过一半或三分之二的"植物人"是存在一点意识证据的。有确定的证据表明,这类人群的恢复比真正的"植物人"好很多。最近标题党称"植物人"车王舒马赫醒了,真实的情况是,车王其实是被称为"植物人"的有一点意识的人,他最近出现了一些好转的迹象。基于证据链的工作确实大大地推进了临床水平,正像国际DOC的开拓者洛雷医生在欧洲所从事的著名的"意识仲裁"的工作。他说:"我的每一个诊断和评估,患者家属都对我表示了由衷的感谢。"虽然在中国还不能感受到洛雷医生在欧洲的工作所带来的福音,但是他的工作给我们指明了方向。

书中有一段文字会给你留下深刻的印象,摘录如下:

……

五天后,我又来到艾米(患者)的病房,比尔和艾格尼斯(患者的父母)正陪在她床边。他们充满期待地看着我。我停了片刻,深吸了一口气,说出了他们不敢奢求的消息:

"扫描结果显示艾米根本不是处于植物状态,事实上,她什么都知道。"

经过五天的深入研究，我们发现艾米不仅仅活着——她完全有意识。她能听到每次谈话，能认出每位访客，并专心倾听代表她做出的每个决定。然而，她无法挪动哪怕一块肌肉来告诉这个世界："我还在这里，我还没有死！"

……

这就是灰色地带中发生的事件，幸与不幸，且先不评说。他们需要我们正常人的帮助，本来也是毋庸置疑的。但是，如同《潜水钟与蝴蝶》一书中叙述的情景一样，处在生命灰色地带的人们往往会给健康人带来想象不到的触动，这样的故事也有来自中国。

2019 年 10 月 7 日于比利时列日大学

中文版导读

　　《走进灰色地带》①(*Into the Gray Zone*)是由世界著名神经科学家艾德里安·欧文撰写的一部优秀科普专著,已被翻译成多国语言,成为很多国家的畅销书。欧文是加拿大西安大略大学脑与心智研究所教授,曾任加拿大认知神经科学与成像研究会主席。他将神经心理学和神经影像技术结合,探讨脑损伤患者和健康个体的认知功能和意识机制,在脑科学研究领域中取得了许多突破性进展,相关成果发表在《科学》(*Science*)、《自然》(*Nature*)、《柳叶刀》(*Lancet*)等国际顶级学术期刊上。

　　书中所说的"灰色地带"是指介于完整意识和脑死亡之间的中间状态,如昏迷患者、遭受神经退行性疾病(如阿尔茨海默症)的患者及我们俗称的"植物人"等都处于这种状态。他们有的已完全觉察不到外部世界;有的从行为上对外界毫无反应,医生也认为他们已没有意识,但他们的大脑却能像正常人一样加工图片、声音、语义,甚至一部情节曲折的电影,或者能遵照指令完成想象任务;还有的,不管是从行为还是脑影像上,都没有表现出任何反应,但他们却能奇迹般地康复,并告诉大家,他们之前一直是有意识的!处于"灰色地带"各个角

---

①　本书的中文书名为《生命之光——神经科学家探索生死边界之旅》。

1

落的患者到底在经历着什么？我们该如何判定他们是否有意识？他们从"灰色地带"回归后能否完全恢复？哪些是永远遗失在"灰色地带"了呢？欧文教授通过一个个精彩的案例，带着我们去思考，并逐渐揭开"灰色地带"的神秘面纱。

千百年来，无数的哲学家、心理学家和神经科学家对意识现象展开过大量的探究和思考，而处于"灰色地带"的患者正为意识研究提供了良好的模型。欧文教授和他的团队设计出各种任务来探测患者的意识痕迹，不断刷新我们对意识世界的认知。如果一个受损的脑袋能区分语音和噪声，这说明患者有意识吗？如果能理解言语呢？如果能识别歧义句呢？意识与意图的关系又是什么？欧文教授在书中详细讲述了他一步步深入思考、付诸试验，再根据结果进一步思考的过程，通过很多精妙的试验设计和振奋人心的研究发现为这些问题提供可能的答案。

除了这些激动人心的医学发现，欧文教授还探讨了很多关于处于"灰色地带"的患者的伦理、法律和宗教等问题。例如，这些患者的生活质量如何？他们的家人和朋友可以做些什么来帮助他们？应依据什么来决定是否撤除患者的喂食管？宗教组织、政客、生存权或死亡权倡导者在其中扮演了什么样的角色？所有这些问题都经由一些代表性的案例呈现出来，发人深省。

本书既是关于意识与意识障碍的科普读物，又是一位神经科学家科研探索的回忆录，跟随作者的脚步，我们将会走进一个奇妙的世界。

胡楠奈

2020 年 9 月 24 日

你也许能看到其中的意义

那就是存在

那就是存在

——约翰·列侬(John Lennon)与

保罗·麦卡特尼(Paul McCartney)

前　言

我看着艾米快有一个小时了,她终于有了动静。艾米住在离尼亚加拉瀑布几英里远的一所加拿大小医院里,当我来到她床边时她正在睡觉。唤醒她似乎没有必要,甚至有点无礼。我知道处于植物状态的患者在半睡半醒时试图去评估他们没有任何意义。

艾米算不上有多大动静:她的眼睛突然睁开,头抬起,并离开了枕头;保持着这样的姿势,眼睛一直盯着天花板,眼神僵直,一眨不眨……她浓密的黑发剪得很短,但很时尚,好像刚有人帮她理过一样。她这突然的动静是否只是她脑中神经环路自发放电的结果呢?

我凝视着艾米的眼睛,看到的只是一片"空洞"。之前我曾无数次在一些人眼中看到过这种深不见底的"空洞",他们和艾米一样,被认为"有觉醒而无觉知"。艾米未给出任何回应，她打了个哈欠，张开嘴打了一个大大的哈欠，随后便倒回枕头，并发出一声近乎悲伤的叹息。

距她出事已过去七个月了，很难想象艾米曾是一名聪慧的大学篮球队运动员，风华正茂。一天深夜，她和一群朋友从酒吧出来，她的前男友正等在门外——那晚早些时候他们刚刚分手。他猛然将她推倒在地，她的头砰的一下撞在了混凝土的路牙上。这么一撞，有些人也许只是缝上几针或有些脑震荡，便无大碍了，但艾米没有那么幸运，她的大脑被甩离原位，狠狠地撞向头骨内部，巨大的冲击波震破并挫伤了那些远离撞击点的关键脑区，脑中神经元轴突被拉扯，血管撕裂。现在，艾米只能通过一根经手术插入她胃中的喂食管来接收身体所必需的液体和营养，并通过一根导尿管来排尿。她也无法控制自己的肠道，需要使用尿片。

两位男医生轻轻地走进病房。"你认为怎么样？"其中年长的那位直视着我问道。

"要做扫描后才能知道。"我回答。

"嗯，我不是一个爱打赌的人，但我敢说她现在处于植物状态！"他很乐观，近乎高兴。

我没有回应。

两位医生又转向艾米的父母，比尔和艾格尼斯。在我观察艾米时，他们一直耐心地坐着。这是一对长相好看的夫妇，有四十多岁，很明显他们已精疲力竭。医生向他们解释说，艾米已无法理解言语，

2

也丧失了记忆、思维或情感，并且感觉不到快乐或痛苦。听到这些，艾格尼斯紧紧握着比尔的手。医生温和地提醒他们，只要艾米活着，她就需要全天候照顾。在缺乏进一步的证据支持她还有转机的情况下，他们是否应该考虑撤除艾米的生命支持系统？毕竟，这不应该是她想要的生活啊。

艾米的父母还没有准备好走这一步，于是他们签署了一份知情同意书，允许我给艾米做功能磁共振（fMRI）扫描，用于寻找他们所爱的艾米仍有部分存在的迹象。救护车将艾米送到位于安大略省伦敦市的西安大略大学，在那里我建立了一所实验室，专门评估患有急性脑损伤或遭受诸如阿尔茨海默症和帕金森症等神经退行性疾病摧残的患者。通过神奇的新的扫描技术，我们和人脑建立起连接，将脑功能可视化，并绘制出脑的内部世界。由此，它们会向我们揭示人脑是如何思考和感受的，人脑的意识框架和自我意识架构是怎样的——它们阐明了生命和人之所以为人的本质。

五天后，我又来到艾米的病房，比尔和艾格尼斯正陪在她床边。他们充满期待地看着我。我停了片刻，深吸了一口气，说出了他们不敢奢求的消息：

"扫描结果显示艾米根本不是处于植物状态，事实上，她什么都知道。"

经过五天的深入研究，我们发现艾米不仅仅活着——她完全有意识。她能听到每次谈话，能认出每位访客，并专心倾听代表她做出的每个决定。然而,她无法挪动哪怕一块肌肉来告诉这个世界:"我还在这里,我还没有死!"

本书讲述了我们是如何弄清楚怎样与像艾米那样的患者建立起沟通的,以及一个新兴的、快速发展的研究领域对科学、医学、哲学和法律产生的深远影响。也许最为重要的是,我们发现,在那些被认为不比西兰花更有意识的处于植物状态的患者中,有15%—20%的人虽然无法对任何形式的外界刺激做出反应,但完全清醒。处于植物状态的患者可能会睁眼,会呻吟,偶尔会冒出孤立的单词……他们似乎完全生活在自己的世界里,没有思想或感情。他们中的许多人正如他们的医生所认为的那样,确实毫无觉知,不能思维。但是,有相当一部分却在经历着截然不同的事情:他们的心智完好无损,但只能在受损的身体和大脑深处"游荡"。

植物状态是灰色地带阴影区的一块疆域,昏迷则是另一块。昏迷患者不会睁眼,看起来也完全没有意识。在迪士尼版的《睡美人》(很多父母都非常熟悉)中,欧若拉的情形就类似于昏迷,好像被施了魔法的睡眠。在现实生活中,情况远没有那么浪漫:严重损毁的头部,扭曲的四肢,折断的骨头,消耗性的疾病……这些都是常态。

有些身陷灰色地带的人能给出一些信号,表明他们还有觉知,被称为具有最小意识。他们偶尔能遵照指令动动手指或用眼睛追踪物体。他们的意识似乎时有时无,间或能从无知觉的深潭中浮现,冲破水面,表明它们的存在,然后再次潜回黑暗深处。

闭锁综合征,严格来说不是一种灰地状态,但它和这一状态十分接近,可以让我们洞察到我们扫描的一些人的生存状态。闭锁患者是完全清醒的,通常可以眨眼或动眼。法国 *Elle* 杂志主编让·多米尼克·鲍比(Jean-Dominique Bauby)就是一个闭锁患者的典型例子。一次严重的中风导致他永久性瘫痪,只能眨动他的左眼。在助理和书写板的帮助下,他撰写了书名为《潜水钟与蝴蝶》(*The Diving Bell and the Butterfly*)的回忆录,这本回忆录通过他二十万次眨眼才得以完成。

鲍比生动地讲述了他的经历:"我的心灵像蝴蝶一样飞翔。有很多事可以做……你可以去看看你爱的女人,在她身边顺势蹲下,抚摸她熟睡的脸庞。你可以在西班牙建立城堡,偷走金羊毛①,发现亚特兰蒂斯②,实现你儿时的梦想和成年后的野心。"当然,这是鲍比的"蝴蝶":无拘无束的心灵,不受身体或责任的约束,自由地飞来飞去。但是,鲍比被锁在了"潜水钟"里,这是一间铁质的密室,无法逃脱,不断沉入越来越深的海底。

在艾米做完 fMRI 扫描几天后我又来到她床前,再次坐在那里仔细观察她,迫切想知道她的想法和感受。所有这些阵发性动作和间歇性咕噜声意味着什么?她也有和鲍比一样的体验吗?她是否也进入像鲍比经历的充满自由和各种可能性的想象王国?或者她的内心

① 希腊神话中出现的一件宝物。(译者注)
② 传说中沉没于大西洋的岛屿。(译者注)

世界变成了一间囚笼,让她倍感折磨,难以逃脱?

在做完扫描后,艾米的生活发生了翻天覆地的变化。艾格尼斯几乎不再离开她床边,近乎不间断地给她读书。比尔每天早上都会过来,带来每日的报纸和家人最新的八卦。还不断有亲戚朋友来访。艾米会在周末回家,她生日时还举办了生日派对,她还被带出去看电影。护理人员总会先向她进行自我介绍,在走近她床边前都会向她解释他们要给她换洗。每次的治疗、用药和惯例的改变都会仔细地向她说明。在灰色地带待了七个月后,艾米终于又成为一个人。

我在探寻这一新的科学领域过程中,脑中对要做什么并没有一个清晰的想法。开头感觉就像一次意外,一个毫无准备的巧合。然而,当我回首过去时,清楚地发现,推动这个故事发展的脉络以一种极其复杂和无法预料的方式将我们所有人联系在一起。我对灰色地带的探索始于二十年前一个温暖的七月,那是发生在伦敦市南部一个绿树成荫而安静古朴的郊区的一件黑暗而奇怪的事情……

致　　谢

迄今为止,我已经写过数百篇致谢了,但基本上都是敷衍了事,且感谢的都是"非人"的科研经费授予机构(这并不是说我不愿意感谢这些机构,只是我从不知道我想感谢的人是谁)。这次我可以对真实的个人表达我的感谢之情,我的内心格外满足。

首先,我要感谢所有的英雄们:参与我研究的数百名患者和他们的家人。这么多年来,他们为我和我的团队奉献了很多。有些人的经历被我写进了书中,有些人没有,但你们所有人,无一例外,都为这门科学的发展作出了不少贡献,对此,我向你们表示诚挚的谢意。我特别要感谢凯特、保罗和他的儿子杰夫,威妮弗蕾德和她的丈夫伦纳德,还有玛格丽塔和她的儿子胡安,他们都从自己繁杂的事务中抽出时间,亲口告诉我他们的经历。没有你们,我是不可能写出本书的,我希望我能如实地呈现你们的经历。

还要感谢莫琳的父母和她的哥哥菲尔,是他们鼓励我将她的经历写进书中的。刚开始我并不想这样做,但是不把她的经历放进来,会使这本记录我探索灰色地带旅程的书不完整。

这些年,我有幸与一群优秀的人一起共事,如研究助理、技术人员、研究生和博士后,他们事无巨细,为我们成功探索科学之路作出了自己的贡献。由于人员众多,如果一一列举,恐会失之疏漏。因

1

此,我谨在此列出几位主要人员,以表示我对他们的感谢,他们是我实验室的成员,是他们让这场科学探索走到今天。非常感谢你们(排名不分先后)、崔斯坦·博肯斯坦、马丁·蒙蒂、戴维尼亚·费恩德斯-埃斯佩霍、达米安·克鲁斯、斯里法斯·香农、洛里纳·纳吉、洛蕾塔·诺顿、瑞秋·吉布森、劳拉·冈萨雷斯·拉拉、安德鲁·彼得森、贝丝·帕金。希望你们跟我一样乐在其中。

同样地,在过去的这些年,我还跟数百位杰出的同事合作,书中描述的很多工作正是有了他们的加入才得以完成;在此无法将他们全部列举出来。不过,我必须先对大卫·梅农、史蒂文·洛雷和梅勒妮·博利致以诚挚的谢意,他们对这个领域的重大贡献已在本书很多章节中得以体现。当然,在这条路上,还有很多其他人扮演着重要的角色,我要感谢英格丽德·琼斯路德、马特·戴维斯、詹妮·罗德、约翰·皮卡德、布莱恩·杨、马丁·科尔曼、查尔斯·维吉尔、罗德里·丘萨克和安德里亚·索杜。我还要特别感谢罗杰·海菲尔德,他跟我一起草拟了本书的初步纲要,要不是他最初对我的鼓励和支持,我的这些经历恐怕永远都不会公之于世。

我还欠我那位不知疲倦的助手和"保驾护航人"潼恩一个感谢,她经常说她很热爱这份工作。本书的完成,以及我生活中的很多事,要是没有她,就不会如此圆满。

真心地感谢和我合作出版本书的肯尼斯·瓦普纳,他帮助我找到了核心,让它更有深度和广度,从最初的动议,到后面文本的逐渐成形,他都给了我很多的建议。老肯,与你共事我三生有幸,希望我们能再次合作。还要感谢我的经纪人盖尔·罗斯,他比我更加了解我自己,力劝我撰写本书。还有里克·霍根,我的编辑,在他的指引下,使我的书得以脱胎换骨。

　　最后,由于本书的扉页上写着给我儿子杰克逊的献词,也许有人想要寻找这背后蕴含的寓意。我并非(也并不害怕自己)来日无多,但一直在这生死临界点的灰色地带工作,有时很难忽视人类的脆弱和人世的无常。

艾德里安·欧文

2017 年 2 月 12 日

献给杰克逊

以防我无法亲口告诉你这个故事

目　录

第一章

纠缠我的幽灵

人无所谓生死，人只如浮尘。

她走了，跟着那个穿黑色长袍的男人。

——鲍勃·迪伦（Bob Dylan）

科学进程总是以一种神秘的方式展开。

我是剑桥大学一名年轻的神经心理学家，研究行为与脑之间的关系。我爱上了一个苏格兰女孩莫琳，她也是一位神经心理学家。1988 年秋天我们相识于泰恩河畔的纽卡斯尔，这是一座距离苏格兰边境六十英里的英国城市。当时我被派往纽卡斯尔大学，去加强我的老板特雷弗·罗宾斯（Trevor Robbins）和莫琳的老板之间的合作关系。她的老板是帕特里克·拉比特（Patrick Rabbitt），在人脑老化领域中有很多创新性工作。莫琳和我就这样有了联系。初次相见我立刻被莫琳不露声色的睿智、一头惊艳的栗色秀发和可爱的眼睛所吸引。当她笑起来时，眼睛总会紧紧闭起，每次都会。很快，我又回到了泰恩河畔的纽卡斯尔，却很少出于学术原因。我开着我那辆古老

1

的福特嘉年华——那是我从第一份薪水中拿出 1 100 英镑买的一辆伤痕累累的破车——花六个小时在周末拥挤的交通状况下穿行。

吉他与唱片

莫琳让我了解了音乐。不是 20 世纪 80 年代早期那些画着眼线，喷着发胶，穿着连体裤的令人乏味的魅力摇滚巨星，如亚当和蚂蚁乐队、文化俱乐部及简单心智，在青春期时我曾迷恋过他们；莫琳教给我的音乐至今仍然伴着我，这些音乐热情洋溢，讲述着关于土地和过去的故事，混杂着人际关系和燃烧的欲望，如来自水童合唱团、克里斯蒂·摩尔（Christy Moore）、迪克·高根（Dick Gaughan）等人的充满活力和深情的音乐。莫琳的哥哥菲尔，住在距离剑桥约四十五英里的圣奥尔本斯，他很快说服了我，说没有吉他的未来就没有未来，于是他带我去买了我的第一件神器——一把雅马哈吉他，我至今保存着，并会永远保存下去。

往返于剑桥和纽卡斯尔几个月后，我向南六十英里搬到了伦敦，因为我研究的病人正在那里接受治疗。我继续神经心理学家的工作，我剑桥的老板付我工资，同时我又申请了伦敦大学精神病学研究所的博士学位。为了履行这两个职位的义务，我每周要在这两个城市之间开车往返多次。这样的日程十分累人，不过我非常热爱这些工作。莫琳放弃了她在纽卡斯尔的工作，在伦敦找了份职务。很快我们买下了我们自己的地方——一间三楼的一居室小型公寓，与我们工作的莫兹利医院和伦敦南部的精神病学研究所只有几步之遥。

作为一栋建筑，或者说一组建筑，研究所非常令人失望——无规

纠缠我的幽灵

则伸展,其外表很难与其卓越的学术声誉相匹配。我的办公室在一栋装配式建筑里,在英国称为活动房屋。它冬冷夏热,每次大门砰地关上时整栋楼都会震动。每年我们都被承诺很快会换一个固定的寓所:活动房屋会被拆除。但是,几十年后我回来,仍会惊讶而好笑地发现,一群有志的博士生仍然住在这样的房子里。

莫琳和我搬到一起后,令人脸红心跳的兴奋和浪漫很快被平淡的日常事务所取代:在英格兰南部到处开车去看病人,坐等伦敦街头永无止境的交通堵塞,在我们家的步行距离内徒劳地搜寻空的停车位,在我的福特嘉年华一大早就罢工时去借电启动——几乎每次都如此。

在研究所和莫兹利工作,很难不被患者触动:大量的抑郁症、精神分裂症、癫痫和痴呆症患者在通风良好的走廊上踱步。莫琳是一个富有同情心,十分体贴的人,她深受他们影响。她很快决定去受训成为一名精神科护士。尽管她内心的这一召唤无疑是崇高的,但我认为她的这个决定让她放弃了本可能会熠熠生辉的学术生涯。她开始在外跟她的新同事一起度过漫长的夜晚,而我则待在家里,撰写并修改我的第一篇学术论文,描述那些为了减轻癫痫症状或根除侵袭性肿瘤而切除部分脑组织的患者在行为上发生的变化。

我对这类患者的经历非常着迷,一旦他们的大脑被篡改,他们会变成什么样呢?我研究过的一名患者,只是在额叶处有很小的损伤,结果却表现得格外去抑制化(disinhibited)。受伤前,他被描述为一个"害羞而聪明的年轻人"。受伤后,他则在大街上辱骂陌生人,并随身携带一只油漆罐,在他双手可及的任何公共或私人场所随意涂鸦。他话语中充斥着咒骂。后来他的疯狂行为进一步升级:他说服一个朋友，让朋友抓住他的脚踝，而他则从一列高速行驶的列车窗口倒挂下去，这怎么看都是一个极端愚蠢而疯狂的举动。他一头撞到了一座桥上，头骨和大部分前额皮层都被撞碎了。通过某种命运的扭曲循环，他轻微的额叶损伤直接导致了他脑中同一部位的重大损害。

我遇到的最离奇的案例是一个患有"自动症（automatisms）"的年轻人。患有此症的人会出现一些短暂的无意识行为，在此期间你不知道自己做了什么。自动症通常是由癫痫发作引起的，这些癫痫始于颞叶或额叶，然后迅速扩散——它是神经元放电的一种不断升级的级联反应，最终会覆盖全脑。在这段时间里，患者会身处某种灰色地带，他们仍睁着眼，举止具有奇怪的活力，并似乎充满目的性。这些行为往往包括一些日常活动，如烹饪、沐浴或沿着熟悉的路线驾驶。这一切过去后，患者会恢复意识并经常感到迷惑，却丝毫不记得之前的事。

我的患者是一位身材瘦高的年轻人，头发凌乱。在他接受治疗癫痫的手术后，我对他的记忆受损程度做了测试。他还是一场谋杀审判中的被告，受害人是他自己的母亲，她是在和她儿子一起牢牢锁在家里时被勒死的。当时就他俩。案子的关键在于他是一个有着癫痫自动症病史的武术专家，他有可能（尽管只有间接证据可证明）在一系列武术操练中杀了她，但他对这可怕的行为毫不知情。

在使用当时最先进的计算机测试评估他的记忆时，我靠近门坐着——这是我在众多犯罪剧中看到的一种策略。我感觉不安全，需要一把武器。所有这一切现在想来都很荒谬，但当时我可是和一个被指控亲手杀死自己母亲的嫌疑犯坐在同一间封闭的办公室里，而他甚至都不知道他自己干了什么！如果他真做了，有可能被判刑吗？我不确定。我当时和现在的想法是，自动症并非表达潜意识的冲动，

纠缠我的幽灵

而是脑中自动化程序的电发放,完全不受控制。如果他是一名木匠,他就会去锯一块木头,而不是用空手道砍死他妈妈。

他的脑袋会让他再次杀人吗？那是我心中最重要的问题。我可以用什么来保护自己？在办公室里堆满了文件、书籍和科研设备——完全不是间军械库。在桌边,我瞄到了一副壁球拍,我紧握住它,斟酌着一些模糊的计划准备招架年轻人的攻击。对我俩来说都很幸运的是,这一测试安然度过。我常常想象那是一个多么奇怪的场景:这位患者像忍者一样袭击我,而我却试图用壁球拍击打他的头。

这项工作令人着迷,但我和莫琳一直没有联系。在购买我们公寓的一年内,我们的关系破裂了。我俩背道而驰:我开始从事科学事业,而她则从事精神科护理工作。我们之间发生了一些变化。我无法理解她为何失去了我们对脑以及它如何受到损伤和疾病影响的共同的好奇心。我无法理解仅仅去照料有问题的人而不试图去解决问题有什么吸引人的地方。几年前我就已经决定,不去追求传统

阿尔茨海默症患者脑中的我们

的医疗事业。我不想成为一名医生,倾听人们的不安,再根据标准方案给予治疗。我想要尝试理解我们心智运行的奥秘,也许还能发现一些干预和治疗的新方法。那才是神经科学家该做的。我以为我有

更广的视野，但我很可能只是自以为是。我本以为我们相互理解，一起治愈帕金森症和阿尔茨海默症。

前程似锦的神经科学事业可能带来的诱惑力也让天真的我冲昏了头脑，而这一魅力让我印象深刻。我的老板曾派我去国外替他做报告，那是在美国亚利桑那州凤凰城举办的一次学术会议。我和另外两位英国的神经科学家泡在沙漠中的热水浴池里。你能想象吗？这天之前，我们都还笼罩在英格兰永无止境的凄风冷雨中，紧接着，我们却在仙人掌的国度里纵情享乐。

那次旅程回来后，我有点自鸣得意。莫琳和我发生了连续的争吵，关于精神病看护的对与错，关于为科学而科学，关于科学发现和医疗护理之间固有的紧张关系。

"研究这些病人都没问题。"我记得莫琳这样说，"但是，帮他们解决问题才是对资源的更好利用。"

"如果我们不进行科学研究，这些问题就会一直存在！"我反驳道。

"在若干年后，科学也许最终能帮到某些人。但对大多数人没有任何结果。而且它也不能帮助那些把时间贡献给你做研究课题的患者，他们还天真地相信你能帮他们改善生活呢。"

"我已明确告诉他们我的研究不会对他们个人有所帮助。"

"哇，你真是好人！"

我们的持续争吵有了英格兰对苏格兰的味道。有史以来，苏格兰人一直认为受英格兰人剥削，他们觉得英格兰人冷血无情、唯利是图，而他们自己则充满热情而且诚实。现在想来，我们关于是照护还是纯科学的立场呼应了这一古老的冲突。

纠缠我的幽灵

最终,我遇上了其他人,离开了莫琳,并于 1990 年搬了出来。那年正值英国经济和房产市场崩溃,我们价值 60 000 英镑的公寓瞬间跌至 30 000 英镑,让我们背负了巨大的负资产。我们抵押贷款的利率也翻了一番,完全无法负担。当莫琳也搬到别人家去住时,事态更是迅速恶化。为了还贷,我们被迫将公寓租给了几位巴西朋友。但是,莫琳不想再和它有任何关系,于是我负责收租、还贷、交税以及修缮房屋。莫琳和我不再说话——只是互相发送充满愤怒的信件。最后我只能睡在位于伦敦北部一个朋友家的地板上,要看我远在莫兹利医院的患者,我得花整整一个小时开车穿过高峰期拥挤的交通。那家的原主人把猫带走了,却留下了跳蚤。那真是一段悲惨的时期。

同一年,当我穿梭于伦敦南部的患者中间,记录他们的脑损伤情况和经历时,我母亲的健康状况发生了某些奇怪的变化。她开始剧烈地头疼,举止异常。一天下午,她失踪了几个小时,回来后她解释说她去当地剧院看了一场电影。她已经很多年没有去看电影了,更不用说一个人去看。她刚过五十岁,我们的家庭医生认为,导致她头疼和这次奇怪而不同寻常的出行的原因是她的更年期,真是错得离谱。一天晚上在家和父亲一起看电视时,很明显她十分不对劲。

"你觉得那女人的衣服怎么样?"父亲指着电视屏最左边的一个女人问。

"什么女人?"母亲看不到那个女人,事实上,她根本无法看到她左边视野的任何东西。

那些导致她头疼和奇怪行径的病因现在又影响了她的视觉。像过马路这样简单的事对她来说也变得非常危险。想象一下,在你的视野(当你直视前方时从左到右看到的东西)中有一部分你再也不能看到。问题是,我们人脑非常善于适应变化,碰到这种情况,它会将我们所能见到的进行重新配置,忽略掉我们不能见的。丢失的那部分看起来并不会如有些人想象的那样是一片空白或黑暗——它根本就不出现。在完全意识不到左侧事物的情况下过马路是我们不会再让我母亲单独去尝试了。

CT 扫描显示我母亲的脑内长了一个少突细胞瘤——这个癌性肿瘤正挤进她脑皮层的沟回里,干扰着她的行为,影响着她的情绪,改变着她看世界的方式,并转变着她整体的存在感。我们都不知所措。突然之间,我家的命运和我选的职业以一种糟糕透顶的方式相遇了。如果送她去做手术,并因此而切除部分脑组织,母亲很可能成为我研究课题中的一位患者,这真是一个噩梦般的想法。

我不再是置身事外的年轻科学家,而是一个心烦意乱的家庭成员——我在伦敦南部及周边地区看望患者及其家属时曾多次见到过这样的情形。不幸的是,与许多患者的肿瘤不同,我母亲已无法动手术了,于是她开始了一轮又一轮的化疗、放疗和类固醇治疗。脑肿瘤周围的肿块对周边组织产生压力——这是她头疼的原因,类固醇缩小了肿块,使得这一症状有所缓解。母亲的头发开始脱落,身体也变得浮肿(类固醇的常见副作用)。

所幸的是,我姐在 1990 年获得了护士资格,并在皇家马斯登医院工作。这是伦敦一家著名的机构,致力于癌症的诊断、治疗、研究和教育。姐姐在 1992 年 7 月放弃工作,在家中照顾母亲。同月,我提交了我的博士论文,论文中讲述了脑部疾病患者的经历,这些疾病包括和我母亲正在抗争的相似的肿瘤。在正式毕业前,我还需要答辩,这需要用几个月时间来准备,显然到那时我母亲可能不在了。我

纠缠我的幽灵

迫切地想让她看到我博士毕业,于是,我给伦敦大学的主要办事机构打电话。他们毫不犹豫地答应给我"毕业",尽管我还没有完成获得博士学位的全部要求——晚些时候才能完成。这些我都没有告诉母亲。她参加了我的毕业典礼,尽管她可能完全不知道发生了什么。我清楚地记得,父亲和我将她从轮椅上拉起移到礼堂的座位上,我身着飘逸的毕业礼服,她身着我们能找到的最适合她的衣服。我们一失手,她无助地跌倒在走道上。没有人会告诉你进行性脑损伤会有哪些后果。在曾经的你和最终变成的你之间,需要你耗尽全力去适应每天不断恶化的身体功能,各种任务变得越来越难,直至最终无法完成。

毕业典礼后不久,母亲便陷入了她自己的灰色地带,不是完全在那里,也没有完全离开。她仍住在家里,由于她再也爬不了楼梯,我们便把她安置在一楼的餐厅里。家庭医生给她服用的大量止疼药和镇静剂使她的意识时有时无。她有时能认出我们,有时不能;有时头脑清醒,有时却稀里糊涂。我哥从美国飞了回来,他那时正在位于马里兰州的国家航空航天局戈达德太空飞行中心进行博士后研究。我们全家一起度过了最后几天。母亲于 1992 年 11 月 15 日凌晨去世,当她最终咽气时我们都陪在她床边。

许多黑暗的日子随之而来,但母亲的死却又以一种奇怪的方式带来了一些善缘。在花了四年时间观察那些脑损伤患者并记录了他们的生活后,我有机会来到另一边,体验到看着你所爱的人被慢慢拉入深渊的感受。我不知道,这一经历是否让我更加坚定了从事脑研究事业的决心,但它的确让我做好了准备,去迎接未来多年和脑损伤患者及其家人的接触。我切身体会到他们在经历着什么,与他们感同身受,并愿意尽一切努力去帮助他们。

母亲去世前不久,我已获得加拿大蒙特利尔的一个博士后职位,我抓住这一机会,移居国外。我迫不及待地想离开那使我破产的公寓,想忘掉与莫琳失败的关系及母亲五十岁死于脑肿瘤的事实。我离开了英格兰,接受了蒙特利尔神经病学研究所为期三年的职位。

1992年底我来到蒙特利尔神经病学研究所,迈克尔·佩特里迪斯(Michael Petrides)是当时认知神经科学系的负责人,能与他共事是我莫大的幸运。迈克尔热衷于人脑解剖学,总是乐于使用一切新方法和手段,只要它们能有助于阐明人脑如何进行记忆、注意和计划等心理活动。在接下来的三年里,我们花了大量时间来研究他画的额叶,为每个脑区可能的功能做笔记,还设计了一些新的测试,试图揭示脑的不同部分对记忆的作用。我会走到一边,将它们在我的IBM 386电脑上编成程序。那台电脑在当时是最先进的,不过用今天的标准来看已非常糟糕了。

那一年正值我们所称的正电子发射断层扫描(PET)"激活研究"开始兴起,部分是由计算机行业的发展所推动,它使我们能捕获脑活动的大型数据集和数字图像。从哈勃太空望远镜到人类基因组计划的发布,计算机正在彻底改变科学的方方面面,而我们正是这场革新中的一部分。

参与PET激活研究的志愿者会躺在扫描仪中,先注射少量放射性示踪剂,然后我们会让他们完成一项任务。例如,记住在他们眼前闪过的一个不熟悉的面孔。它的原理十分简单:工作最努力的脑区需要更多的氧气,而氧气是由血液输送的,于是参与任务的脑区血流量就会增加。使用我们的 PET 扫描仪可以映射出脑中血液的流动。

神经心理学家终于梦想成真。我们无须再等待一个特定脑区受损的特殊患者走进门来,以推断脑区的功能。现在,我们只需要将健康人放入扫描仪中,让他们完成我们的认知测试,就可以看到相关脑区的激活,从而得出完全相同的结论。

早期的大量工作都是验证性的,但它们仍让我们振奋。例如,多年来我们都知道,大脑皮层下有一个区域,即梭状回,是参与面部识别的;那个区域受损的患者无法识别他们认识的人,称为人脸失认症,又称为脸盲。就算我们已认识到这一点,当它被确认时,即我们看到一组健康被试者在看到一系列呈现在电脑屏幕上的熟悉面孔时那个脑区被激活,我们还是感到无比震惊的。

★   ★   ★

我们曾天真地认为,通过一次次的 PET 扫描,我们很快就能解锁人脑的所有奥秘,但这个我们最初认为无所不能的技术很快表现出它的局限性。

第一个问题是辐射积存量(radiation burden),即每次扫描我们会给被试者注射安全且有效剂量的放射性示踪剂,它限制了我们给每个个体的扫描次数,从而使我们在任何一项研究中只能问有限数量的科学问题。

第二个问题是我们检测到的血流量变化非常小,几乎不可能通过单次扫描就将它们识别出来,只能通过重复扫描来构建脑中发生

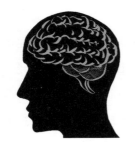

人脑示意图

事件的清晰图谱。这样我们难免会碰上辐射积存量的问题,有时我们尚未对一个科学问题获得满意答案就已经到达它的上限。我们的解决办法是将来自多个被试者的数据进行平均化处理。实际上,来自人脑的信号非常小,这是我们大多数情况下采取的策略。

第三个问题是我们的科学结论不是关于个体,只能是关于群体。我们无法说出任何一个人脑中特定区域的活动情况,我们的结论通常是"平均来说,整个群组……"

第四个问题是时间。单次扫描所用时间为 60—90 秒,你最终看到的是那段时间内所发生事情的总和,无法分辨单个"事件"。想象有这样一个任务:我们要求被试者在 90 秒的扫描时间内看一系列面孔并记住它们。我们很难得知分析完成后所看到的脑区激活究竟是由哪一认知活动引发的:看到哪些面孔? 记住哪些面孔? 怎样识别某些和其他不一样的特殊面孔? ……尽管存在那么多局限性,我们这些研究人脑的仍感到无比兴奋。从涉足这一领域开始设计 PET 激活研究的那一刻起,我就被深深地迷住了。

我早期的研究成果之一是发现额叶的一个区域对我们的记忆组织至关重要。它不是存储记忆的脑区,也并非将信息传递给记忆的脑区,而是决定记忆"如何"进行组织的脑区。设想一下,在每天都在用的停车场中,你想记住今早车停的位置。你是怎样记住今天的停车位置而没有跟昨天、前天或上周的混淆呢? 你可能使用了地标,如一棵树或附近的一栋建筑物,你可能以前也用过这些地标,可能会被它们搞糊

纠缠我的幽灵

涂。你必须做出一个特殊的记忆决定——你得定下来,在过往时间里你所记得的所有停车位中,这个地方是你今天需要记住的。你必须将这个特殊的地方做一个特定标记,特别需要将它与今天关联起来。这个过程就是我们所说的"工作记忆(working memory)"的一个例子。这是一种特殊的记忆,我们只需要将它保留一段有限的时间,直到记忆中的信息被使用为止。在这个例子中就是直到你取车时成功找到你的车为止。这个过程到第二天再重新开始。

你的工作记忆记录的也许是一个电话号码,保留一定时间直到你将它们输入电话中,也许是一张陌生人的面孔,保留一定时间直到你将借她的笔还给她,或许是你今早选中的停车位。没有人知道这些转瞬即逝的记忆发生了什么,它们只是凭空消失了吗?有证据表明,它们似乎是被随后的工作记忆"覆盖"了。我们的这一脑功能似乎只有有限容量,当超出容量时,只能保留部分记忆而移除其他记忆。

这类研究与其他领域的发现十分吻合。我们开始扫描患有帕金森症患者,试图理解为什么他们的工作记忆会存在问题。不像阿尔茨海默症患者,如果你向帕金森症患者展示一张他们从未见过的图片,他们随后很容易将它识别出来。但是,向他们展示一系列图片并要求他们记住其中一两张,任务就会变得十分困难。为什么呢?这就类似于停车位问题,他们的问题不在于记住信息,而是在面临多种信息激烈竞争时,他们无法很好地组织这些信息,以便接下来的检索。

★　　　　　★　　　　　★

在蒙特利尔的三年里,我继续供着伦敦的公寓。莫琳和我几乎不再来往,我们偶尔的几次对话也十分简洁、短促,双方都很沮丧。

在 1995 年,我剑桥的前老板特雷弗·罗宾斯打来电话,他们正在剑桥的阿登布鲁克医院建立一家新的脑成像机构——沃尔夫森脑成像中心,需要我这样的专业人员。我会作为神经病学系的研究员在剑桥开展首次的脑激活研究,指导学生,并开始组建我自己的实验室。他们有一台 PET 扫描仪。特雷弗还使我相信,如果我过来,我也许能在剑桥拿到一个永久性职位,而在蒙特利尔很难有得到永久性职位的可能。

1996 年,我回到英国。自从我离开后,英格兰发生了很多变化;特别是,这里已是脑部扫描的天下。如果你不会脑部扫描,那么你就一无是处。英国可谓是领跑者。但是,没有改变的是我和莫琳的紧张关系。我们都觉得看到对方太痛苦,所以尽量不见面。我们分手已经四年了,每当想到我们的公寓和失败的关系时,我都会感到沮丧和困惑。曾经我们怎么会那么相爱,有共度一生的想法呢?这一切怎么都变了呢?她脑中在想什么呢?我想不通,她完全是一个谜。

1996 年 7 月的一个清晨,一位同事给我打来电话。有人发现莫琳躺在莫兹利医院附近一座陡峭的山坡上,失去了意识,一旁是她的自行车。最初的推断是她撞在一棵树上而撞晕过去了,但事实证明情况更糟——十分糟糕。检测显示她脑内动脉瘤破裂,引发蛛网膜下腔出血;动脉壁上一处薄弱的区域破裂,血液经此流进她的颅骨。动脉瘤可能是由多种因素引起的,如家族史、性别(它们在女性中更常见)、高血压和吸烟史等。

我的个人生活和职业生涯再一次以一种糟糕透顶的方式相遇了。有许多像莫琳那样蛛网膜下腔出血的患者,我曾经给正在恢复中的他们做评估。他们中很多人都有记忆力、注意力和做计划方面

纠缠我的幽灵

的问题——脑出血及治疗时一些必要的手术对他们的生活造成永久性影响,扰乱了他们的思维,损伤了他们的记忆,并不可预测地改变了他们的个性。就像我母亲一样,莫琳很可能最终成为我研究中的被试者。不幸的是,莫琳的动脉瘤比我见到的大多数患者的状况要严重得多,她很快被诊断为植物状态——我被告知她可能活不长了。尽管不是我第一次听到"植物状态"这样的表达,但它第一次在我脑中留下了印象。

想象一下我有多么震惊。莫琳发生了什么?植物状态意味着什么?她是死了还是活着?她是否还知道她自己是谁?身处何地?她走了,却又没走。她怎么能活着并呼吸,醒来又睡着,却又从某种意义上说完全不在了呢?我对她的感情令这种困惑更加强烈。当一个人曾和你如此亲近,后又如此远离,最后突然变成植物人,这是一种怎样的感觉啊?反正我感到非常奇怪。

通过适当的护理,处于植物状态的患者可以存活很长时间。脑部受伤几个月后,莫琳飞回苏格兰,以便离她父母更近些。在人和机器的帮助下,她接受着水和食物的喂养,活着,但看上去毫无知觉。为了防止褥疮,护工会定时帮她翻身;他们用温暖的海绵给她洗澡,帮她洗头,剪指甲;他们替她换床上用品和衣服;他们在清晨跟她说话("莫琳,今天感觉如何?"),明亮而轻快;到了周末,他们还会给她梳妆打扮,用轮椅推她到她父母家,充满爱的家人会经常到那里去看望她。

我当时并未意识到,像莫琳那样外表完全没有反应的患者很可能脑中仍有某种形式的意识残留。也许那种想法,虽然那时看起来古怪,但是已在我脑中埋下了种子。也许它就是一个触发器,召唤我运用我所精通的凭借全新技术开展的实验去做一些更有用的事，去揭示脑的运作模式——这正是莫琳所认同的。她曾经十分激动地批判科学不应该"为科学而科学"，而应该真正帮助到人。兴许这正是我践行这一理念的契机。

首 次 联 系

我再也不能默默地听下去了,我必须用我力所能及的
方法来同你谈谈。

——简·奥斯丁(Jane Austen)

走近凯特。年龄:26;职业:幼儿园教师;居住地:英国剑桥,与她
男朋友和猫住在一所小房子里。我们的命运之路即将交会。

我在剑桥市中心以北租了一间便宜的一居室公寓,去上班来回
有三英里,这是一段永远潮湿并且经常透湿又寒冷的路程。我的办
公室没有窗户,位于剑桥大学阿登布鲁克医院地下室。我是精神病
学系的研究员,没有任何教学和行政工作,只是纯粹地做研究,并且
大部分工作都在新成立的沃尔夫森脑成像中心开展,该中心属于阿
登布鲁克医院的一部分,步行五分钟穿过一条迷宫般的走廊即可
到达。

沃尔夫森,我们都这么叫它,它是独一无二的:它的 PET 扫描仪
就位于神经重症监护室的隔壁。患者可以躺在病床上经过两组旋转

17

伦敦

门直接被推过去扫描。事实上,沃尔夫森早期的准则是"不能让生病的患者前去扫描,而必须让扫描服务上门"。神经重症监护室的患者通常遭受了可怕的交通事故、严重的中风、因心脏骤停或所谓的近溺水事件而造成的长时间缺氧。PET扫描仪这么靠近病房,为那些脑部严重受损而卧床不起的患者提供了更加便利的扫描机会。

虽然两个地方各有利弊,但是这里与蒙特利尔神经所的情况完全不同。在剑桥,我的研究重点是脑损伤。我的同事大多数是医学博士,我不会像他们那样去治疗病人。他们的日常工作是挽救生命,实施治疗,并使患者恢复健康。与他们不同,我的工作是给患者扫描,试图弄清楚他们脑部的损伤是如何影响他们的行为及背后蕴含的机理。这是一种非常临床化的研究。而在蒙特利尔,我的研究更多属于基础科学,我试图去理解健康的大脑是如何运作的,并开发一些新的技术去研究。神奇的是,我在蒙特利尔神经所的经历使我做好了充分的准备,让我在沃尔夫森紧张的临床环境中把理论付诸实践。

在蒙特利尔神经所时,我已接触到活体的人脑。在蒙特利尔,对神经外科的住院医生来说,邀请我们这些纯粹搞科研的人进手术室

首次联系

观摩是很正常的。他们剥开皮肤,锯开头骨,拉出脑膜,露出里面的战利品——活动着、脉动着的活体人脑,那是你可能见过的最为脆弱的景象,我们就这样看着一个人的生命掌握在他们的手中。

在蒙特利尔时,我最终能第一次近距离观摩一场神经外科手术的过程,原因仅仅是有一天在食堂里我坐在一位初级神经外科医生的旁边。

"你是说,你从来没有见过真正的脑外科手术?"他说,不解于一位年轻的神经科学家一天到晚看脑扫描片,却从来没有见过真正的脑袋,"你明天就过来,我给你展示一下。"

在蒙特利尔手术室的经历给我上了关键的一课,它教给我的比我这么多年在脑部扫描中得到的要多。我学到的最重要的一点是,你的脑袋就是你自己。它是你曾制定的每一个计划,是你曾爱过的每一个人,也是你曾有过的全部遗憾。你的脑袋就是所有这一切,是你作为一个人的脉动着的本质。没有脑袋,我们对"自我"的感知就全部归零。

如果没了心脏,我们还可以借助机器继续生活,一个装有人造心脏的患者仍然是同一个人;如果没了肝脏或肾脏,我们还可以生存,个性不变,等到另一个离世的人给我们提供可移植的器官,我们又可以继续我们的生活,就和从前一样;我们可以失去胳膊、腿、眼睛等,还是同一个人,虽有变化但仍是我们自己。然而,如果没了脑子,我们只不过是别人脑中的记忆罢了,甚至连从前自己的影子都算不上,我们就不在了。在蒙特利尔的手术室里,我学到了神经科学中最重要的一课——我即我脑。

在剑桥,我从未被邀请去手术室,但有其他一些有意义的事。在蒙特利尔,我们解决的是纯粹的基础科学问题,我们会说:"这是我们所拥有的设备,这是我们所知道的,让我们把它们全部放在一起,探讨关于脑如何工作的重要问题。"我们创建模型,提出假设,并设计扫描实验去验证。在剑桥,有很多不确定性。我们在整个中心到处跑,无法事先构建实验,身边有从未做过扫描的各种脑损伤患者,我们没有已然成形的方法,也没有指导手册或科学图谱去对他们进行考察,我们有的只是机会。凯特的情况就是如此。

★　　　　★　　　　★

1997年6月的一天,我的同事和朋友大卫·梅农(David Menon)博士——一位来自印度,身材颀长,彬彬有礼且极具感染性魅力的神经重症监护医生——告诉了我关于凯特的事。重感冒会转变为更严重的病毒性感冒,称为急性播散性脑脊髓炎。易感患者会逐渐出现神经系统症状,包括意识模糊、嗜睡、甚至昏迷。凯特就是其中之一。

这种疾病会导致脑和脊髓组织出现广泛的炎症,还会破坏白质——不如灰质那样有名但却同等重要。灰质是指大脑皮质的最外层,那是所有行为发生的地方——你的记忆会在这里录入,你的想法、计划和行动会在这里萌芽。灰质由无数神经元组成——那是一些传递神经冲动的特化细胞。

白质则是不同灰质区域之间的通信网络。白质主要由轴突组成——它们是一些密集的高绝缘纤维束,一种复杂的、极其精密的电缆。白质之所以是白色的,源于包裹在它表面的脂肪,或称为髓鞘,这是它更为正式的叫法。脂肪是很好的电绝缘体。白质可使灰质区域之间进行交流,绝缘的轴突令神经元之间的信息更加快速地传递,

首次联系

如果不绝缘,电信号就会泄露,信息就会丢失。

凯特受损的白质影响了她脑中的通信网络,她陷入昏迷状态,被送进阿登布鲁克的神经重症监护室。几周后,她的状况有所改善,出现了睡眠—觉醒周期,能睁眼和闭眼,并似乎快速环顾了一下病房。但是,她没有表现出有内心世界的迹象,对家人或医生的提示和鼓励没有任何反应。感染可能使她完全不知道她是谁、在哪里以及她发生了什么。医生宣布她为植物人。

我不知道为什么面对处于植物状态的凯特时,大卫和我想到要去给她做扫描,我不禁会想,这可能与莫琳有关。她被诊断为植物状态已有不到一年的时间,而我仍在适应她出事这件事。我不停地想,如果还残存着什么,那么莫琳脑中可能有什么呢?他们说她是植物人,就像凯特一样,但"植物状态"又意味着什么呢?也许凯特可以帮我找出问题的答案。

大卫和我讨论了可以对凯特做哪些测试。我们想到了一个主意:在她进行 PET 扫描时,给她展示她朋友和家人的照片。在蒙特利尔开展 PET 激活研究时,我对哪些脑区会对熟悉的面孔有反应非常了解。我们和凯特极为热心的父母取得了联系,向他们要了十张她家人和朋友的照片。我们告诉他们,我们将尝试一种新的扫描方法,试图揭示凯特脑中发生的事。

凯特的父母给我们提供了十张照片,照片中的人对我来说都是陌生人。我将它们用平板扫描仪扫描出来,把图像上传到我的电脑,骑车回到我潮湿的公寓,用晚上的时间在微软的 Quick BASIC① 中编

---

① 微软的编程工具。(译者注)

21

写了一个简单的程序,使图像在电脑屏幕上一张接一张地呈现,每张显示十秒钟。我还需要一些"控制组"图像——那是跟原始照片的视觉刺激一致,但不包含任何可辨识面孔的照片。我拿出每张图像,先进行复制,再使用当时的早期图像编辑器对副本进行散焦。从科学角度来看,这不是完美的实验(人脸的模糊照片作为真实人脸照片的控制组并不合格),但能达到我的目的。我的时间不多了,况且我也没有相应的技术设备来做更精细的处理。

大卫和我将给凯特看她朋友和家人的数字化图像,以及同样图像的散焦版本,借此寻找不同的脑激活模式。如果我们看到凯特脑中加工面部信息的区域存在差异,那么我就知道我们可能发现了一些重要的东西——凯特,或至少她的脑,仍可以感知到熟悉的面孔。

试图激活植物状态患者的脑部是一件全新的事。她的脑还能对她所认识和喜爱的面孔产生反应吗?我们的问题就这么简单。然而,我们忘了,在我们提出问题前,我们需要确定传到她视网膜的视觉信息是否真的到达了她的脑部。要是她视神经和皮质之间的连接被切断或沿着该通路传递的信息被中断了怎么办?如果是这样,她的脑未能对她所熟知的面孔做出反应就不足为奇,因为她看不到。

我们需要立刻拿出一个解决方案。凯特可能会死或奇迹般恢复,无论哪种情况,我们都会失去扫描的机会。我盯着我们用于显示凯特朋友照片的电脑屏幕,迟疑之间,已切换到屏保模式。那是1997年,飞来飞去的 windows 图标风靡一时,红色、蓝色、绿色和黄色——它们飞向我,嗖嗖而过,这是微软工程师的星际想象。我们要给凯特看屏保图片。这快速移动的彩色画面正好适合用于检查信息有否从她眼睛传到她脑部。

第二章

首次联系

当凯特躺在扫描仪里时,我们让屏保来完成其工作:到达她的视网膜,触发她的视神经,激活她的视皮层。接着我们让她休息——关掉屏保,将一块布盖在她的脸上以遮掉所有光线,并再次扫描。这样重复几次:屏保—布—屏保—布。在这段时间序列结束后,我们得到了我们想要的:每当我们给凯特看屏保时,她的视皮层就会活跃起来;当用布盖住她的脸时,她的视皮层又会回到相对不活跃的状态。视觉信息能抵达凯特的脑部,她的脑,至少,"可以看到"。

是时候问那个大问题了。我们在悬挂于扫描仪床上方的显示器上闪现了两组图像:清晰脸和模糊脸。然后凯特被推回病房,我们着手分析数据。我们不知道会发生什么,当得到结果时,我们惊呆了。凯特的梭状脑回对面孔有反应,出现了大量激活;这一激活模式与我们及其他人在健康并有意识的人脑中所观察到的有惊人的相似。

我们感觉自己就像天文学家,向外太空发送哔哔声,以寻找外星生命。只不过在我们的案例中,我们是向内部空间发送哔哔声,而哔哔声传回来了。我们首次建立起联系。这意味着什么呢?凯特实际上是有意识的,尽管她表面上看起来没有?解决这个问题又花了我们将近十年的时间。

答案没有那么简单。意识通常有两种成分,觉醒和觉知。当你被全身麻醉时,你会陷入类似睡眠的状态,这时你失去了觉醒;你也不知道你在哪里、你是谁以及你当前的状态,这时你失去了觉知。

意识的觉醒成分相对容易理解和测量——只要你的眼睛睁开,你就醒了;觉知则要难很多,怎么测量呢?像凯特这样处于灰色地带的患者很好地诠释了这一点。她醒了——这点毋庸置疑——因为她的眼睛睁开了,但是她有觉知吗?

　　由于凯特并没有对她周围的情境和声音做出反应,也没有对大量吸引她注意力的尝试有任何响应,所以临床上得出的结论是她并无意识,她对自我的意识已经被抹掉。这有点像晚期的阿尔茨海默症患者,再也不知道自己是谁及身处何地。但是,凯特的情况似乎更糟。即使对在哪里和是谁的感知早已消失,阿尔茨海默症患者(至少在疾病的最后阶段,也就是他们可能进入植物状态之前)仍然保留着某种存在感,他们还跟外界存在一丝联系,哪怕这一联系极其微弱。我们推断凯特的这种联系完全被切断了,她已没有任何存在感。

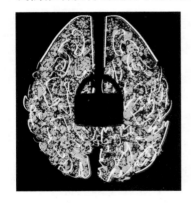

被上锁的大脑

　　现在我们有了新的信息,我们这个不完美的小实验告诉我们一些非常重要的信息。当给凯特展示她所认识的人的照片时,她脑部做出的反应就好像她是清醒并有觉知一样,就好像她是一个完全健康的人。我们如何看待这种脑反应呢? 我们能否将它看作她那时有着和正常人一样的体验? 当看到一张我们认识并喜爱的人的照片时,我们通常会涌起一些记忆和情绪,凯特是否有同样的体验? 她是否知道她正躺在 PET 扫描仪上,看着家人和朋友的照片? 或她的脑部只是自发响应,就好像在"自动驾驶",而她则毫无知觉地躺着,处于"有觉醒无觉知"的状态中呢?

　　很多类型的刺激,包括人脸、言语和疼痛,都会产生自发脑反应,那是表明信息已被接收的回音,但接收的信息不一定被意识到。在嘈杂的聚会上,我们可能完全没有意识到周围人的谈话,直到听到我

首次联系

们的名字。这点引起了我们的注意。我们到底还是听到了我们的名字,这说明尽管我们没有意识到,但我们的脑袋一直在监听周围的谈话,以免漏掉一些重要的信息,如名字。但这并不表示我们感知到自己的名字,我们的脑袋就会记住含有名字的那段对话。记忆和感知完全不同,听到一段对话并不意味着你能记住它。为什么要记住呢?有必要吗? 脑袋在做的是四周查探,捕捉相关信息,而非努力去记住一切。

人脸也是一样。当我们穿过一条拥挤的街道,亲朋好友的熟悉的面孔会将我们的意识从当下的思维中"劫持"出来,我们发觉了那张面孔,或如心理学家所说的,我们转移了注意。这种情况告诉我们,我们的脑袋一定在监视着所有其他的面孔,决定哪些值得关注,哪些可以忽略。头脑中的这些活动我们并没有意识到,它就这样发生着。我们的头脑无意识地将人群分类,只对我们可能想知道的那些人,即那些我们认识的人加以提醒。即使我们想要控制这个过程,我们也会失败;我们没法决定不去认出一张熟悉的面孔,就跟我们没法决定在聚会上听不到自己的名字一样。

这一现象取决于我们在哪里和在干什么。在挤满陌生人的街道上,朋友的面孔会"抓住"我们的注意力。然而,在满是朋友的聚会上,我们注意到的则是陌生人,即不熟悉的面孔。这和环境及期望有关,而且很可能与进化优势相关,一连串的信息不断在冲击我们的视网膜,我们需要从中发现哪些是重要的。在一条拥挤的街道上,我们并未想到会看到我们认识的人;这与期望不符,从而会导致头脑将其识别出来。这是一种幸运,在陌生人中遇到朋友是件好事,它具有适应性,可能会引发一次交谈、一场约会、一段爱情或带来一位人生伴侣。

相反,在满是熟人的聚会上,陌生人最有意思。我们预料会在那里见到我们的朋友;一张陌生的面孔则与预期相悖。我们了解我们的朋友,但是房间里的陌生人呢?这可能会带来一些新的东西。它也是一种适应性。在任何环境中,发现不同的和意想不到的事都是十分重要的。我们的头脑能高效地寻找不同,而且大多数时候我们并不知道这个过程。

我们脑中许多复杂的加工都是如此的。即使是成年人,很多事情也由不得我们来决定。我们无法不去理解听到的话语;如果每天上下班都走某条路线,我们无法不去习得这条路线;我们也无法不去喜欢一段特别的旋律或艺术作品,我们能决定的是不说我们喜欢它,甚至还可以宣称我们讨厌它,但并不能改变背后隐藏的真实情绪,这种体验不是我们可以选择的。

换句话说,尽管我们完全没有意识到我们的想法和感受是如何发生的,很多相关的过程已经发生了。同样道理,处于植物状态的患者对一些事件出现"正常"的神经元反应并不一定意味着他们有着与这些事件相关的任何意识体验,但也不意味着他们没有意识——有意识的人也会产生相同的反应,这只能说明我们还不知道。尽管凯特在 PET 扫描仪中的反应是激动人心的,但我们还是不知道她有没有意识。

这些并没有阻止我们对它的思考和讨论。《柳叶刀》(*Lancet*)是全世界历史最悠久(创刊于 1823 年)、知名度最高的医学期刊之一,当我们描述凯特这一特别案例的文章在该期刊上发表后,一大批媒体给予了关注。

我的同事大卫·梅农和我参加了一档 BBC 早间节目。我紧张地坐在演播室里,指着一个真人大小的塑料人脑模型,解释梭状回的功能。大卫补充说:"想象一下,如果人脑受损或疾病影响了人脑,使患者连眼睛都无法移动,那么会发生什么呢? 如果我们没有得到患者的回应,我们将不知道他们是没有回应还是无法回应,这真是一场噩梦。"

回顾往事,我震惊于那些使我们走到这一步的一系列奇怪的巧合和运气。如果莫琳没有发生意外,我可能不会对植物状态产生兴趣;我甚至可能都不知道它的真正含义。但是,想知道像莫琳这样的人脑中可能发生了什么给我播下了兴趣的种子,而凯特则给了我一个开始试验的机会。接下来,如果凯特的头脑并没有反应,结果会怎样呢? 如果那时她睡着了呢? 我们对这种"做做看"实验的反应可能就是"哦,好吧,这不值得再试一次,我们还是罢手,去做点别的吧"。凭借某种不可思议的运气,她正是在那里的少数人之一。是她给了我们去寻找其他像她这类人的动力。我不禁想知道,莫琳是否也可能在那里呢。

★　　　　★　　　　★

几个月后,凯特开始康复,并搬到剑桥郊外一个村庄中的专门康复机构中,我一直追踪她的进展情况。她逐渐开始能回答问题,看书,看电视。尽管她的身体仍严重残疾,控制走路和说话的脑区已损坏,但她的思维和推理能力都已恢复到正常范围。

凯特为什么会恢复呢? 当时的医学观点是,被诊断为植物状态并持续几个月的患者是绝不会恢复的。那些护理凯特的人是否由于我们的扫描改变了他们对她的行为和态度呢? 他们是否给予了更多的关注呢? 是否在康复上投入了更多的时间,并更加努力地鼓励她呢？这些改变促进了她的康复吗？心理学研究表明，社会孤立对人脑具有破坏性影响。想象一下，数天、数周、数月被忽视，被像物件一样地对待，这绝对是最糟糕的社会孤立。怎么可能从那种状态中恢复呢？有人和她交谈，读书给她听，并在每次对话时带上她，对凯特来说该是多么宽慰啊。我们不知道这些做法会对她的头脑产生什么影响，但毫无疑问，一定有作用。

★　　　　★　　　　★

凯特对她处于植物状态时的回忆是痛苦的。"他们说我感觉不到疼痛。"她写下她的痛苦经历，"他们大错特错。"

当从她的肺部吸出痰液时，她害怕极了。她说："我没法告诉你这有多么可怕，特别是从嘴里吸痰时。"她常常有强烈的表达渴望，却无法表现出来。有时她会哭出来，护士认为这是一种反射，他们从未向她解释过他们在做什么。

凯特试图屏住呼吸以结束自己的生命，这是身处灰色地带中有意识的人普遍会采取的策略。她说："我没有办法阻止我的鼻子呼吸，我的身体似乎不想死。"

与凯特建立首次联系及随后她的恢复产生了比答案更多的问题。她是什么时候有意识的呢？在这个过程中头脑的哪些部分至关重要？哪些只是起辅助作用？

我觉得我们好似冒险走进"地府"，说服那里的人跟我们一起回来。凯特似乎也是这样认为的。在我们第一次给她扫描的几年后，当她回到剑桥和她父母一起生活时，她写信给我：

亲爱的艾德里安：

首次联系

　　请用我的案例来向人们展示扫描有多么重要,我想让更多的人去了解,我现在是它的头号粉丝。那时我没有反应,看起来毫无希望,但扫描向人们显示我还有希望。

　　这就像魔术一样,它找到了我。

爱你的凯特

　　多年来,凯特和我一直保持着联系,主要是通过电子邮件。有时她一周写四五封,然后几个月没有联系。我感到和凯特有着一种持久而密切的关系,这对我和我的工作有着深远的影响;她永远是我的壹号病人,永远是我讲述这个旅程如何开始时提到的那个人,我们改变了彼此的生活。

　　现在重新看这些电子邮件,发现尽管凯特奇迹般地"恢复"了,但很明显,她的生活远非易事。"艰难的一年,一点都不好。两个大脚趾都被截掉了,而且住院时非常糟糕。"她曾这样写道。读到这里我很震惊。不久,我又收到一封:"对不起,我在写上封邮件时心情很差,圣诞节那段时间我非常糟糕,所以感觉很低落。"

　　这些邮件反映出她情绪的变化。然而,在时不时的绝望之间她表现了一种坚定的决心。尽管遭受了很多痛苦,凯特一直都在忍受。她说:"我认为我的坚定是支撑我的主要力量,我总是很坚定。"

　　2016年6月,在凯特脑损伤后将近二十年,我去剑桥看望她。我从发自希思罗机场的火车上下车时,外面下着很大的雨。剑桥似乎总是在下大雨。这是一场寒冷的大雨,英国夏天瘟疫般的存在,让我想起在英格兰南部海滩成长的岁月和与家人度过的多雨的假期。我的行李耽搁在多伦多,手边唯有我的那只旧的照相机和坐飞机时穿的衣服,外套都没有。

　　当出租车穿行在狭窄的乡间小道上时,我非常忧虑。自从上次看到凯特到现在已有七年多了,在那之后大概一年时间,我便离开英国回到加拿大永久定居。那时她和她的父母吉尔和比尔住在一起。我们边喝茶边叙旧,我问了一些有关她生活方面的问题,她指着字母板上的字母,缓慢而有条不紊地回答。尽管她有显著的恢复,但言语能力受损仍然严重,我常常弄不懂她说的是什么意思。我并不期待再次经历这个过程,一字一字,一句一句地沟通,我相信她也不想。但是,她同意见我,对此我十分感激,并愿意做任何事,让交流变得更容易。或许,努力去理解她破碎的语言将是一个良好的开端。

　　随着出租车开进剑桥郊外一条安静宜人的街道,我的心情也好了起来。雨突然停了,太阳从云端喷薄而出。一个好兆头?我看到了凯特的房子,像它周围所有的房子一样,都是单层的,因为轮椅上下楼梯不方便。这种房子在英国被称为市建住房,属政府所有。因为凯特没有收入,并享有残疾福利,所以她无须支付租金,生活费也都可以报销。

　　我按了门铃,一位开朗的护理助理开了门,介绍自己叫玛丽亚,热情地和我握了握手,并领我进屋。国民医疗保健体系为凯特的全天候护理买单。

　　玛丽亚将我带到舒适的客厅,凯特已在那里,安坐在电动轮椅上。

　　"你好啊!"我握住她的双手,"我给你买了束花!"我指向一束百合花。

　　"非常感谢。"凯特回答,一字不错,"它们相当不错。"

　　"它们相当不错。"我震惊了。凯特可以说话了,没有用字母板,

首次联系

没有破碎的言语,凯特可以说话啦!

"你的发音很棒!"我脱口而出。

"我教会自己再次说话啦!"她迸发出一个胜利般的微笑,充分表现出她对自己有多满意,"我喜欢说话。"

"你是否介意我录下我们的谈话?"

她做出闷闷不乐的样子,说:"我讨厌听到我的声音。"

经过一番俏皮的玩笑后,她投降了。

"在你失去意识一段时间后第一次醒来时是什么感觉?"我问。

"我感到自己好像在监狱里,根本不知道自己在哪里。"

"你记得的最后一件事是什么?"

"我在学校里,就是我当老师的那所学校,在吃午饭。当我醒来时,我并没有觉得自己刚刚睡着了,我只是突然就在那里了。"

"我以为你是逐渐恢复意识的。"

"就是那样的——刚开始时间很短,后来每天都会长一点点,意识是慢慢回来的。第一次我全天都有意识的那天,职业治疗师和我在一起,大家叫她杰姬,她是早期阶段唯一一个告诉我名字和工作的人。很少有人告诉我他们的名字。"

"你认为这是什么原因呢?"

"他们以为我已不在了,真是太可怕了。我还有感情,我还是个人!我内心非常生气。重要的是我不知道我在哪里或为什么在哪里,我以为我是忘了怎么走路。"

"没有人告诉你在哪里吗?"

"反正我听不清,我只能听到噪声,听不到言语。"

31

★　　　　　★　　　　　★

　　凯特的经历吓到我了。我回想起我们给她扫描,建立首次联系时的情景。事后分析,多年前我们偶然发现了一些非常重要的事。凯特有一部分还在那里,也许那部分正是我们早期扫描所反映出来的。在接下来的几周和几个月里,她遭受了那么多可怕的经历,我很难不去想我们本可以采取更多措施来防止这种情况发生的。我们是否应该更努力地确保每个人都把她视为一个人呢?我们是否应该更积极地向像凯特那样患者的医护人员提出指导意见呢?我们那时并不知道我们现在所知道的,用这种方式"敲响警钟"可能为时过早;结果会让数千个像凯特那样的家庭不切实际地提高希望和期待。当时我们所知道的只是一个十分微小的迹象,提示凯特的部分脑区仍然像她脑损伤之前一样工作着。我们不知道这是否意味着她还具有意识,做出这样的假定既不合理也不科学。然而,二十年过去了,想着我们本可以做更多的事来减轻凯特的痛苦,我苦恼万分。

　　凯特谈起把她扔进灰色地带的疾病时说:"我很想知道为什么我生了这个病,别人说我永远不会知道了。有时,我觉得这一定是我的错,上帝在惩罚我。"

　　"你是一名宗教人士吗?"

　　"不,但我有信念,我脑中有信念。我不去教堂,以前也没去过,我从不信宗教。但是,我发现信念帮了我很多。继续下去十分艰难,我需要一个理由。我的脑袋不会放弃。我哭不出来,我已经没有眼泪了,我失去了哭的能力。太可怕了,真心糟糕,真的是最坏的事情之一。"

首次联系

她曾在她的第一封电子邮件中跟我说,扫描"找到了"她,我问她这句话是什么意思。

她说:"扫描找到了真实的我,我是无意识的,我想我真的很想睡觉,因为我的大脑不得不加倍努力才能看到。"我想,也许凯特是指受我指示在扫描仪里看照片的情景,我有想问她的冲动,但我不想打断她的思路。"即使是现在我也发现看电影真的很难。我可以看一小时或半小时,然后就睡着了。我迫不及待地想看最新一部的《BJ 单身日记》(*Bridget Jones*)。我热爱我的 Kindle 电子阅读器。我读了大量的书,但我不读现代的书,我读古代的书。我爱看简·奥斯丁写的书,她写的英雄很可爱。现代的书会让我想起我失去的东西。我的脑袋一直坚持着,我能恢复的原因是我的脑袋。我原以为我会放弃,但我的脑袋不愿放弃。我每天都在跟我的脑袋作斗争,它不会做我想做的事,它也不会做我要求做的事。"

"你这么说的意思是?"

"我的脑袋让我的身体做我不想做的事,如我的腿会不由自主地抽搐。它不喜欢我,我的脑袋不喜欢我。它不愿放弃,它生我的气。在此之前,我只感觉我是一个人,但现在我觉得我像两个人,生病之前原来的我和现在的我不是同一个人。我感觉自己死了,而现在另一个我又活了过来。"

凯特花了相当长的时间和我谈论这种奇怪的二元感:那种现在的自己不是以前的那个人的感觉。从某种意义上说,她说得对:她生活的许多方面已变得面目全非,但大多数是身体上的变化。我想让她告诉我,她的内心,那个定义她是谁的部分,还没有改变;她已从灰色地带回来了,也许伤痕累累,但大部分仍完好无损。对凯特来说,情况似乎恰恰相反。她觉得，她自己的脑袋都在跟她作对。凯特的某些方面已发生了变化，她的某些部分已丢失在灰色地带。

我问凯特是否还有什么想说的。

她说："最重要的是要记住，我是一个人，就像你是一个人一样；我有感情，就像你有感情一样。"

我离开了凯特，起身沿着车道走向等候我的出租车。当我们驶出她所在的安静的郊区街道，开往熙熙攘攘的剑桥时，大雨又开始倾盆而下。我不禁想起从凯特那里学到的一切。灰色地带是一个黑暗之所，但她向我展示了从那里回来是有可能的，人脑具有惊人的自愈力量。凯特还教会我，人的本质，那个我中之"我"，能在艰难时刻存活下来；即使处境再艰难，她的精神永不屈服。

应用心理学组

亚瑟王说:"用鲱鱼砍倒一棵树? 这不可能做到。"

——《巨蟒与圣杯》(Monty Python and Holy Grail)

从蒙特利尔回到剑桥后不久,我就和一帮学术界朋友组织了一个乐队,取名为"你先跳(You Jump First)",并开始在剑桥的各个酒吧演出。我边弹贝斯边演唱,但这真是个糟糕的主意,很少有人能将它们玩得转。很快我便转向原声吉他,并形成我们自己的风格——注入凯尔特风味的流行摇滚,还带点布鲁斯·斯普林斯汀的味道。我们参加了很多本地和外地的乐队比赛,其中之一是在赫特福德郡,那是英格兰南部的一个小镇,离莫

摇滚乐队

琳哥哥菲尔所在的圣奥尔本斯不远。菲尔是一名计算机科学家,在3Com 公司做软件开发。他又高又瘦,让我想起了莫琳:他们的牙齿

一模一样。我邀请他来看我们演出,他过来给我们打气。下台后,我向他问起了莫琳。

她还住在离她家乡达尔基斯几英里远的地方,在苏格兰爱丁堡附近,她的父母最近几个月打算把她转到一家更加本地化的疗养院。"此外,"菲尔说,"就没有其他新进展了。"莫琳受伤将近两年了,我开始怀疑她能否恢复。我给他讲了凯特的案例,告诉他在她身上发现的扫描结果让我多么兴奋,这意味着像莫琳那样的患者仍存有希望。我们相约日后继续保持联系。

1998 年在《柳叶刀》上发表凯特的案例对剑桥来说是一个里程碑式的事件,对我来说也是科研道路上一个重大的转折点。我全然不确定它会引导我走向何方。除了我自己的薪水,我没有任何经费,也没有实验室,只有办公室里的我和一台电脑,我完全依靠周围人的善意和科研基金。

一些机缘巧合使局面发生了扭转。我获得了医学研究委员会(MRC)应用心理学组的职位,MRC 是资助英国国内医学研究的政府机构,受此资助的医学研究迄今已产生了三十位诺贝尔奖获得者。我在阿登布鲁克医院的工作合同为期三年,在此之后付我薪水的经费就用完了。而应用心理学组的那份工作是没有时间限制的,并且将来能获得固定职位及最终能拿到终身教职的前景让我无法抗拒。

应用心理学组于 1944 年建于剑桥,在半个多世纪里对心理学有着非常英式的影响。研究者每天攻克着记忆、注意、情绪和语言等领域的难题,刷新着我们对它们的理解,这些日常工作会被一天两次的

应用心理学组

活动所打断,那就是在公共休息室喝茶,如果天气允许,大家则会去草坪上打槌球。实际上,应用心理学组曾聘用了一位名叫布莱恩的年长绅士,驼背,白发稀疏,其主要工作是泡茶和咖啡。他会用一辆众所周知称为"茶具台"的古老推车郑重其事地送上饮品,在某些特殊场合,如某人的生日,我们还会得到曲奇饼干,但大多数时候只有茶和咖啡,一次在上午,另一次在下午三点左

推车老人

右。我们不清楚上下午茶之间布莱恩在干什么,我也没有想过要问他。供应茶的那间公共休息室可能曾是一间富丽堂皇的旧式会客厅,现在仍然很像会客厅,有一个早已废弃的大型壁炉、华丽的天花板及一个看上去很孤单的中心装饰品,它很可能在半个世纪前与枝形吊灯分开了。应用心理学组的圣诞哑剧表演大名鼎鼎——这是非常英式的传统,男人们抓住一切机会穿上连衣裙,抹上口红,戴上假发,变成他们最爱的女性。在格雷夫森德文法男校度过的成长岁月里,我对这类事已司空见惯,所以当我到达应用心理学组看到这一切时毫无奇怪之感。

剑桥市中心以南有一条安静的绿荫道——乔叟路,应用心理学组总部位于这条路上一座巨大的爱德华时代的庄园里。应用心理学组早先在剑桥的心理学部安家落户,但到 1952 年第三任理事诺曼·麦克沃思(Norman Mackworth)上任时,他发现系里的空间已不够它继续发展,而他注意到在城市郊区有一座宜人的爱德华时代的旧庄

园,还带有一个大花园及一片非常适合槌球的草坪,于是他自己掏钱将庄园买下,并告知 MRC 它将是应用心理学组的新地址。我敢肯定这事只会发生在剑桥。

20 世纪 60 年代中期,应用心理学组中的工作人员全是科学家,清一色男性,穿着斜纹软呢外套,戴着领巾,昂首阔步,还抽着烟,把玩着烟斗,偶尔喝上一杯雪莉酒。这是一种非常英式的做科研的方式,20 世纪 60 年代的剑桥则是英式得不能再英式的地方。所以,60 年代后期成立的巨蟒剧团有一半成员来自剑桥便不足为奇。

在应用心理学组中的工作常常像一部巨蟒剧团的幽默短剧。我做过测试,是用于评估"持续症"的——注意力方面出现的问题,使你一遍又一遍地做同一件事,即使让你不要做了,你也停不下来。我的患者在额叶处受到了损伤,我让他尽可能多地想出以字母 F 开头的单词并说出来,然后是 A 开头的,然后是 S 开头的。大多数脑部未受损伤的人会想出这样的单词,如面孔(face)、场地(field)、狐狸(fox)、猎鹰(falcon)、霜冻(frost)……直到词穷。而我的患者一开口便说:"五(five)、十五(fifteen)、五十(fifty)、五百(five hundred)。"当他继续时,我意识到这会永无尽头,"五百零一(five hundred and one)、五百零二(five hundred and two)、五百零三(five hundred and three)……"

"停!"我说,"让我们试试其他字母,试下 S。"

他快如闪电地大声说:"简单! 六(six)、十六(sixteen)、六十六(sixty-six)……"

1988—1989 年间,我曾在实验心理学部从事研究助理的工作,到

应用心理学组

1997 年时,应用心理学组和该学部之间出现很大分歧——几乎称得上关系紧张。两家都是剑桥数一数二的研究机构,但各自关注的重点不同。在应用心理学组,研究的可能是如何记忆一串数字。大多数人都能听完并正确复述出 5 或 6 个数字序列,使用组块拆开——如数字 362785,将它们按 362 和 785 来记——这样的技巧,我们还能将这一数字广度提高。

同样,你会更容易记住一串含有重复项的更长的数字序列。如果数字串是这样的形式:497497497497,我们很容易就能复述出这 12 个数字,我们所要做的仅仅是记住 497 这串序列并重复 4 次。人脑擅长捕捉重复的或组块形式的信息,并将它们打包成可记忆形式,往往都不需要我们完全知道这是如何发生的。我们知道它在发生着,但大多数在我们没有意识到的情况下自动发生了,这是一个我们能觉察到的无意识过程,但通常是在发生后才发现。

通过在应用心理学组里一系列设计巧妙的研究,我昔日的一名学生丹尼尔·博尔(Daniel Bor)发现,这种记忆录入,也就是将信息重新打包和组织以使其更易检索的过程,是在与一般智力相关的脑区执行的。一般智力又称 g,可以通过 IQ 测试来测量。仔细想一下,很多就说得通了。做一个"聪明人"不仅依赖于记忆,它所依赖的是我们用所记的东西做了什么,如何使用各种方法让我们所记的东西有用;它还与我们的记忆录入方式有关,与我们组织和登记记忆内容的方式,以及随后这一方式有多容易让我们进行有效检索有关。我们如何组织我们的记忆内容几乎影响着认知功能的方方面面,并且让我们一部分人在面临有赖于这一过程的生活的方方面面时具有竞争优势。将数字或字母组块化只是这一过程的简单形式。但是,学会后,你就能更好地记住电话号码、车牌号、地址……正如艾拉·菲茨杰拉德(Ella Fitzgerald)曾经唱的那样:"不在于你做了什么,而在于你怎么做。"

应用心理学组和实验心理学部研究的都是我们组织记忆的方式,但方法不同。在实验心理学部,更可能从另一个角度去研究工作记忆以及像组块化这样的现象,探寻为何帕金森症患者基底神经节中的多巴胺缺失会使工作记忆受损,或考察诸如利他林这样的药物是如何改善健康人群的工作记忆的。

这两个世界,我们可以称之为心理学对神经科学,在我加入应用心理学组的1997年相互碰撞并融为一体。认知神经科学——结合了心理学、神经科学、生理学、计算机科学和哲学——成为新的热门领域。它提供了一个合法的平台,让没有接受过医学训练的专业人士(像我这样的非医学博士)能研究很多不同类别的患者,以探索科学知识。

我受应用心理学组之雇,通过我与沃尔夫森之间已建立好的联系,打头阵开始开展脑成像研究。应用心理学组没有扫描仪,而阿登布鲁克医院的沃尔夫森脑成像中心有一台。然而,应用心理学组中新生代的认知神经科学家,渴望能接触到扫描仪并开始探究关于人脑的各种问题。双方达成协议,应用心理学组付钱给沃尔夫森,以获得使用扫描仪的时间,我将负责预约扫描、分配时间、决定谁能用谁不能用,就是维持整个系统能顺利运转。1997年7月,我搬到在乔叟路上的那栋庄园,并很快获得了科研基金。政府每五年都会下拨高

应用心理学组

达 2 500 万英镑的经费,付我们所有人的薪水、开销,更不用说庄园的供暖、供电、布莱恩和他的推车,以及维护槌球草坪整洁的园丁。

我很快被一帮人所包围,他们怀有同样的热情探索脑的工作方式,也许更重要的是使用他们所能"染指"的所有别致的新型工具去推动神经科学的进一步发展。我们沉醉于这些新型脑成像工具给我们带来的力量,我们认为我们很快便能告诉全世界什么造就了我们每个人,什么让我们成为我们!所有这些,再加上茶、煎饼和场地泥泞的三柱门区。应用心理学组为我提供了十分完美的科研环境,让我想清楚在凯特后我们该走向何方。

黛比出现了。

半　条　命

你的每个想法都是一个在跳舞的精灵。

——艾伦·摩尔(Alan Moore)

黛比是一位三十岁的银行经理,她驾车和一辆车迎面相撞,被困车中,脑部严重缺氧,这是很糟糕的一种情况,却惊人地经常发生。在阿登布鲁克的重症监护室里,她的瞳孔已无反应,这是一个很不好的迹象,说明她的第三对颅神经和脑干的上部受到了损伤或压迫。

即使是轻微的脑干损伤也可能是灾难性的,它会扰乱睡眠—觉醒周期、心率、呼吸和意识本身;与听觉、味觉、触觉和痛觉等相关的感觉信号在传往丘脑时会被阻断,而丘脑是重要的中枢中继站或枢纽;脑干有一点损伤都可能导致昏迷。我读博期间看到过很多神经外科病人,为了减轻癫痫症状或摘除肿瘤,都会将很大一块皮层——有时有橘子那么大——手术切除掉,此后他们的精神状态只受到极其细微的影响。脑的很多部分受到损伤或完全去除后都只会造成十分微弱的干扰,而像脑干或丘脑等关键枢纽部位的微小病变造成的

半条命

后果可能是毁灭性的。

在黛比发生意外十四个月后,她的瞳孔仍然散大且无反应。她大小便失禁,通过插入胃里的塑料管进食,需要二十四小时护理,完全没有反应,并被宣告处于植物状态。然而,她的家人觉得,如果休息得好,她偶尔会对他们有些反应。但是,我们没有发现她有反应的任何临床证据。她对疼痛刺激,如在指甲上施加压力有退缩反应,但这种反应是反射性的,对处于灰色地带的患者来说是很常见的,并不一定意味着有意识。

你的手不小心放到一只灼热的炉子上会迅速移开,这种反应是自发且瞬时的,只需要脊髓中的神经元参与,而无须用到你的脑部。如果"好烫!"这一信息不得不通过你的手臂上传到你的脊髓,再传到你的脑部,以让你决定移动你的手,到那时才将这个决定发回到你的手臂,这花的时间未免太长了。疼痛刺激,如对指甲施压或碰到灼热的炉子,会引起一个与生俱来的自发反应,它不能给我们提供处于灰色地带中患者的任何信息:无论脑部是否发生了不可修复的损伤,这些反应都会发生。

2000 年,我们对黛比共进行了十二次扫描,每次扫描时间持续90 秒,这是获得最优功能性脑影像的最佳持续时间,此后,放射性示踪剂^{15}O(称为氧-15)便会衰减到非常低的水平,仪器无法检测到。

像大多数用于医疗和研究的放射性物质一样,^{15}O 是由回旋加速器产生的,它是一种粒子加速器,埋在阿登布鲁克的地下室中,周围是用混凝土砌成的厚厚墙壁,目的是将辐射和人体隔离开来。当黛比躺在扫描仪里时,我们将放射性同位素抽送到楼上的影像中心,并通过插入她手臂的静脉导管将其注射进去。

^{15}O 的半衰期为 122.24 秒，与单次 PET 扫描时间相仿。但是，通过这种方法，将示踪剂从刚进脑部到随后 90 秒内的信号进行平均，每次扫描都可以得到一幅脑血流影像。一旦进入血液，^{15}O 就会被泵送到心脏右侧，然后到肺部，再回到心脏左侧，最后到达脑部，这一过程需要 15—30 秒时间——一条不断衰变的放射性河流准备揭示人脑的秘密。

我们用的是在蒙特利尔使用的技术。在扫描期间，根据被扫描患者的思维、行动或情绪，脑的某些部分会比其他部分更加努力工作。最勤奋的脑区很快便耗尽以葡萄糖形式存在的能量，必须提供新的葡萄糖才能让它们继续发挥作用。于是，更多的葡萄糖通过血液输送到这些区域。活跃的脑区会吸引更多的血液，而血液已被放射性物质标记，PET 扫描仪便可以看到它的去向。

我们思考了几个星期的主要问题是，在扫描黛比时，我们可以做些什么？我们该如何尝试激活她的脑部呢？我回想起大卫·梅农和我扫描凯特的那天，还记得在她的十二次扫描过程中，我们有三次可以透过隔壁控制室的窗户看到她闭着眼睛，似乎已经睡着了，那时她是不可能看到家人和朋友的照片的。幸运的是，剩下的九次扫描产生了有说服力的脑响应证据。但是，如果凯特大部分时间甚至整个阶段都睡着了怎么办？我们等了三年才又有机会扫描一个像凯特这样的患者，三年里一直想知道她是否只是一个个案，这让人既兴奋又害怕——我们千万不能搞砸。

你可能会奇怪为什么我们花了三年时间才去扫描另一个处于植物状态的患者。首先，我们正在一点点开发将用于探测灰色地带的方法。要求患者在扫描仪中做什么才是正确的呢？每个人都应做同

半条命

样的任务吗？由于没有资金支持这种工作，我大部分时间都在做其他课题，如额叶如何起作用，为什么患有帕金森症的患者会出现认知缺陷。其次，尚未有一个成熟的"系统"可以让患者从其他医院接到我们这里，因此合适的人选必须自己来阿登布鲁克，我们才能知道他们的存在。即使我知道其他医院有患者，谁又愿意付钱将他们送到我这里来呢？

我们试图想出一个可以给黛比做的实验，同时也清楚我们需要加快速度。她可能会死亡，或再度陷入昏迷，或因离不了维持机器而没法进行扫描。像给凯特做的那样，试图通过黛比的视觉系统来激活她的脑区，我们觉得有风险，所以我们想到了使用声音。你会闭上眼睛，但你不会闭上耳朵！在六次 90 秒的扫描中，我们将通过耳机给黛比播放一系列单词。

这些不是一般性单词，在应用心理学组时，我发现身边都是心理语言学家和语言专家，他们知道我们需要什么样的词来诱发我们有把握去解释的脑活动。那些词需要精心控制，不能太抽象，但又需要抽象到足以引起心理表征；不能太熟悉，但又需要熟悉到足以唤起与这些词的内容有关的记忆。

我的新心理语言学家朋友了解语言与人脑之间的关系，了解脑的哪些部分处理语言的哪些方面，也了解哪些类型的言语刺激能产生特定的脑活动模式。如果有人用你以前从未听过的外语对你说话，听起来会是什么样的呢？噪声？割草机声？当然不是。它听上去就像是用无法理解的语言说出来的话。但是，你的脑袋是如何知道这是言语，而不仅仅是噪声的呢？

答案是，脑的颞叶处有一些专业化模块，专门用于区分言语和非言语,哪怕它们是以陌生的语言呈现的。这就是我们无法区分电视节目(如《权力的游戏》)中的虚构语言和我们从未听过的真实语言的原因。两者听起来都像语言,两者同样难以理解,因此我们的脑也以同样的方式对它们进行分类。但是,它们听起来都不像割草机声,我们的脑知道这一点,是因为有专业化"言语检测模块",它位于颞叶上部,颞叶是指脑两侧位于大脑底部的皮质区域。这些脑叶的上半部分负责处理声音,这就是它通常被称为听觉皮层的原因。而听觉皮层中的一个专门区域,即颞平面,则专门负责处理语音,它检测到言语,并告诉脑的其他部分,它在听的正是言语。

我们把给黛比播放的单词录在磁带上,它们都是双音节名词(如沙发),它们在日常讲话中的发生频率、抽象程度以及所描述物体的想象容易度都已进行仔细匹配。例如,想象"沙发"很容易,但想象"无常"就要难很多,尽管两者都是常用的名词。绝对是所有的一切——每个单词,什么时候出现,用多大声,在英语中出现的频率——都经过严格挑选。我只是想知道黛比听到讲话时脑部会不会被激活,播放给她听的单词有必要都是双音节吗?而且在英语中的使用频率都要完全相同吗?

他们告诉我,所有这些都是我们实验中需要"控制"的重要因素,甚至单词呈现的速度都必须用节拍器来测量。我的这些新朋友都是控制狂,而我的实验开始感觉像又一部巨蟒剧团的幽默短剧。幸亏,经过应用心理学组工作的几年,我已经习惯这一状况。还不仅仅是语词需要控制。在十二次扫描中有六次黛比会听到短时间的一段噪声,同样,它们并非随便什么噪声,而是精心控制并认真制作的"爆发音",称为信号相关噪声,它们听起来就像老式收音机的静电噪声,就

半条命

是那种当你转动旋钮时,在电台频道切换间发出的声音。信号相关噪声与此类似,不同点在于,它会像语音那样,在声波的幅度(音量)和频谱分布上有所变化。频谱分布是指在任一时间点所播放的声音频率的组合。信号相关噪声听起来就像无线电静电噪声在和你说话,只是你无法理解它所说的内容。

终于,我们准备好了。黛比被安置在扫描仪中,静脉针插入她的手臂,^{15}O 开始流动。技术人员启动了扫描仪。黛比没有动,什么都没有改变,只有扫描室内缓慢而持续的声音:"沙发……蜡烛……桌子……柠檬……"每个单词之间间隔两秒钟,然后是经仔细校准的噪声。黛比被推回神经重症监护室,我们则着手尝试去弄清楚这些数据。

★　　　★　　　★

那个时候,分析 PET 扫描数据大概得花一周时间。在耐心等待结果期间,我们有充裕的时间去猜测和打槌球。我们在乔叟路上的庄园草坪上扎营、喝茶,想着我们能否让黛比的脑袋恢复生机,如果能够的话,那将意味着什么?等待扫描结果的那一周感觉就像一年。

当结果终于出现在我的电脑屏幕上时,我惊呆了。尽管黛比被诊断为植物状态,但她的脑对语音和噪声都是有反应的,跟正常人一模一样。结果真是太好了,感觉不像真的。先是凯特,现在是黛比,她俩的脑部都有反应,她们好像是我们一项研究中正常健康的志愿者。然而,她俩显然都处于植物状态。难道她们根本就不是植物人,而是清醒着并在争取着挣脱出来?如果是这样的话,对世界各地处于她们这种状态的其他人来说将意味着什么?

虽然我们不能确定黛比是否有意识,但是我们已经证明人类的言语可以激活植物状态的人脑。这是一个激动人心的发现,当我们思考这一结果的影响时,学部上下兴奋不已。我的好朋友约翰·邓肯(John Duncan)非常惊讶。

"我本以为行不通的!"他说。

"谁知道呢?"我回答道,"也许她周围发生的一切她都知道。"

学部主管威廉·马斯伦·威尔逊(William Marslen-Wilson)没那么乐观,说:"这也许只是一种自动化的反应。"

他是对的。但是,这个结果还是给了我们很多启示。此时,年度夏季槌球锦标赛也已达到高潮。我们明确知道的是,我们正开始揭开心智的秘密,这是任何神经科医生,不管他多有经验或多聪明,都无法通过标准的临床研究能发现的,这感觉我们好像正处于科学和医学之间一个全新接口的起点。

★   ★   ★

那年下半年,当我们在科学期刊《神经学病例》(*Neurocase*)上发表关于黛比的案例时,我们并未给出明确结论。我们不得不如此——还有那么多未知。

一种可能性,黛比在扫描时并非真正处于植物状态,而正在恢复——只是尚未达到临床能观测到的程度,但足以让她在 PET 扫描时激活她的脑区。尽管被诊断为植物状态,也许黛比至少已经有了部分的觉知。另一种可能性,黛比是一名处于植物状态的患者,没有任何明显的意识证据,只是显示出有限的脑功能碎片。

从某种程度上来说,我们是在对一篇发表在《认知神经科学杂

半条命

志》(*Journal of Cognitive Neuroscience*)上的科学论文的结果作出回应,这篇论文是我们在《柳叶刀》上发表关于凯特的文章一年左右发表的,作者是曼哈顿上东区备受推崇的威尔康奈尔医学院的尼古拉斯·希夫(Nicholas Schiff)博士。

1998年,我们在《柳叶刀》上的论文发表前几周,希夫博士陪同他的导师弗雷德·普拉姆(Fred Plum)来到剑桥。普拉姆是脑损伤领域的大专家。会面时,我们很明显地发现普拉姆和希夫的兴趣与我们的兴趣紧密相关。他们给我们讲他们的案例,从某种程度上说,与凯特类似,但又完全不同。在灰地科学中有一个悖论,那就是,患者会被归入诸如植物状态等类别中,这样的归类会给人一种错觉,即他们的状况一定非常相似,但实际上在患者之间有天差地别。

希夫和普拉姆告诉我们,有一位四十九岁的美国女性,因脑部严重的动静脉畸形而发生了三次脑出血,此后失去意识长达二十年之久。他们的患者(不像凯特)会时不时地表现出一些行为片断——口中冒出一些不常见的孤立词语,它们与她周围的事毫无相关性。PET扫描显示,她某些脑区的代谢水平比我们所预期的无意识人的稍高,特别是那些已知参与言语加工的脑区。他们得出结论:"在被诊断为植物状态的患者脑中存在孤立的加工模块,这些模块的运作并不说明它们可以实现任何程度的自我意识。"

他们小心谨慎,未给出明确的结论——就像我们一样。那时还是早期,我们还能做什么呢? 但是,他们论文的标题"无心之言(words without mind)"透露出的对这些早期成像结果的看法没有我们乐观。我们满怀着希望与惊叹,可能原因不仅是凯特的扫描结果,而且是随之而来的对她案例的宣传,以及令人惊讶的后续恢复,而黛比只是增添了那种令人充满期待和可能性的兴奋感。

★　　　　★　　　　★

　　希夫、普拉姆以及他们在威尔康奈尔的同事并不是唯一一群与我们小组一起做研究的人。灰地科学的很多重要研究正在比利时的大学城列日兴起。一位名叫史蒂文·洛雷(Steven Laureys)的年轻神经病学家也在开始探索使用 PET 研究植物状态下脑功能的可能性。在他们的一篇早期论文中,洛雷和他的团队描述了四名植物状态的患者的扫描结果,他们脑内的"连接"似乎没有健康对照组那么紧密,整体活动模式是混乱或分散的。

　　又一个证据,一种不同的证据,但毕竟也是一个证据。在剑桥,我们看到尽管没有表现出任何外显的意识迹象,植物状态的患者却在扫描仪中正常响应。在纽约和比利时,他们则发现了植物状态的患者行为和脑活动模式的片断。灰地科学开始融合并成为一个领域。在我们发表关于黛比的论文的同一年,乔·吉亚奎洛(Joe Giacino)博士及其同事发表了一篇具有里程碑意义的论文,首次描述了最小意识状态。根据该报告,许多看上去处于植物状态的患者实际上可能处于一种最小意识状态,部分存在,部分消失,偶尔能表现出他们已减弱的意识,却无法将这些意识的碎片调动起来与外界进行有效沟通。

　　当你半睡半醒时,若有人对你说"请握紧我的手",你也许会握,也许不会握。你可能听到了指令,但在回应之前已睡去;你也许会回应,虽然下次有人说"请握紧我的手"时,你已熟睡而完全错过。

　　我们不知道处于最小意识状态时是什么感觉,但临床上患者的

半条命

表现就是这样的,有时候在,有时候不在。那是一个奇怪的地方,不同于植物状态的患者所处的地带,是一个不那么稳定、较为昏暗的地方,带有或明或暗的斑点。有了吉亚奎洛这篇新的论文,我们现在有了一个全新的诊断分类。患者可能既非有意识,也非植物状态,而是被困于其间的最小意识状态。

我们需要再一次扫描黛比来对她进行评估,但遗憾的是她已经达到了她的辐射积存量。除非我们能够给出有力的证据证明再做一次 PET 扫描可以直接使黛比受益,否则当地的伦理委员会——他们最终决定在每项科学研究中什么可以做,什么不可以做——不会允许我们给她更多的辐射,而我们找不到那样的证据。尽管我们知道我们获得了一些很重要的发现,但我们也很难说这些实验会使黛比直接获益。这只是处于起步阶段的科学探索,我们离临床成效还很遥远。

令人惊讶的是,像凯特一样,接受扫描几个月后,黛比开始恢复。很快,她得到了新的诊断,即乔·吉亚奎洛及其同事所引入的最小意识状态。但是,又一次,像凯特一样,黛比恢复得远不止如此;在她扫描后一年左右时间我再次见到她时,她虽有严重的残疾,却正在迅速改善,她开始说话,移动四肢,已从灰色地带回归。她会把自己挪到椅子上,笑着看最喜欢的电视节目,我们跟她说话时,她看着我们,并用断断续续、含糊不清的话语回应,这些语言也逐渐变得越来越容易理解。在她搬到她家附近一所长期康复机构后,我和她失去了联系,我再也没有办法跟踪她的进展。

　　我经常想起黛比。我们找到了把她带回我们世界的方法吗？我们的扫描和由此产生的一段时间的局部关注是否在某种程度上促进了她的康复？对于之前的凯特和现在的黛比，我们的扫描有没有让人们对待她们的态度发生改变，并以某种方式，某种我们所不知道的方式来帮助她们恢复？我们没有足够的证据能确定任何事情，但她们不同寻常的康复开始让人感觉这不仅仅是巧合。

意 识 框 架

地狱之门昼夜敞开；

顺利沉沦，方式简单。

但要返回，去欣赏绮丽天空，

便须付出工作和巨大劳动。

——维吉尔（Virgil）

随着时间从 2002 年进入 2003 年，一些事情开始困扰着我。首先，是黛比和她的脑活动，不知道那些活动意味着什么，真让人沮丧。我们给她播放了一列单词，她的脑区做出与正常人一样的反应，检测到语音，并未将其与其他噪声混淆。我非常想知道她的脑袋是否理解了这些词的含义：一个受损的没有意识的脑袋可能会记录下语音而不能进一步处理那些信息。但是，有没有可能一个失去意识的人仍能理解口头语言呢？在这种情况下，"理解"又该作何解呢？

这是一个复杂的问题——脑功能到达何种水平时我们才有意识？随着未来几年我对灰色地带领域的兴趣激增，这个问题也成为我探索灰色地带之旅的考察重心。部分原因在于意识问题既与科学有关又与个人喜好有关。

婴儿是否有意识

以年幼的孩子为例。我们大多数人都会认同十岁的健康儿童基本与成年人一样,都能意识到自己和他们周围的世界,他们能理解语言,做出决定,回答问题,记住事情,按记忆行事,并拥有成年人的大部分其他认知能力,尽管形式属于初级。

那么,两岁的孩子呢?他们有意识吗?我们大多数人会说有。他们能理解语言并做出决定,复杂的做不了,但能决定是去玩玩具火车还是去看图画书。他们会说一些单词,有时候是完整的句子,能存储记忆,有时还能根据记忆做出一些行为(找出收藏起来的玩具火车就是基于先前存储的记忆完成的)。他们拥有成年人意识的很多基本形式。

现在想想一个月大的孩子。一个月大的孩子当然有意识,你可能会说。但是,你再好好想想。一个月大的孩子也许并不明白你对他们说什么,尽管你可以用"哦"或"啊"偶尔吸引他们注意;如果你对他们大叫(你不应该这么做),他们可能会哭起来;如果你轻声给他们唱歌,他们会安静下来,也许还会发出咕咕声。但仅限于此。

大多数的"响应"无疑是自动化的,出生时甚至更早的时候就已经植入系统里。它们并不复杂;实际上,它们相当僵化——不管你唱什么,只要轻声歌唱,都能使婴儿安静下来。婴儿不会用适当的行动

意识框架

对你的指令做出反应,但是他们尚不能理解语言,所以在这一点上让我们先放过他们。他们可能会也可能不会记住事情(很少有人自称还记得一个月大时的事),他们显然不会像两岁的孩子那样按记忆中的信息行事。他们可能会转向一个新玩具,但一旦玩具从他们视野中消失,他们的世界中便不再有那个玩具。那么,一个月大的孩子有意识吗? 他们是否"知道"他们作为人的存在? 是否"知道"外面有一个与他们可以互动、影响以及被影响的世界呢? 如果答案是肯定的,那么那种"知道"又是以何种形式存在呢?

要确定一个月大的孩子是否有意识是十分困难的,不出所料,我们中也存在分歧:有人认为他们有意识;有人认为不确定。2010 年我在巴西时和宗教人士讨论过这个问题,他给我的答案和我与我神经科学界的同事讨论时所得到的答案一致:"这取决于你所说的意识是什么。"这正是问题所在! 什么样的心智能力算得上是意识? 黛比可以检测出言语,但这还不能证明她有意识——至少对我来说是这样。

并非所有人都同意这一逻辑,问问你的朋友,你很快便能找到一个人完全确定一个月大的孩子是有意识的。但接下来你试着问他们,胎儿呢? 它们有意识吗? 即使之前再顽固地坚信有意识的朋友也会动摇吧。让我们再往前推,一个受精卵——那个由精子和卵子结合成的,九个月后会变成胎儿出生的单细胞——会如何? 受精卵有意识吗? 大多数人都会认同它没有,部分原因是它没有婴儿所具备的任何能力;一个单细胞有机体具有意识也让人难以置信。

这就引出一个有趣的问题。从受精卵到胎儿到新生儿到幼儿到成人,在这一段发展轨迹中,意识是何时出现的呢? 不管你是否认为

生命之光——神经科学家探索生死边界之旅

一个月大的婴儿(或甚至是胚胎)是有意识的,如果你同意一个单细胞的受精卵不可能有意识,而一个健康的成人有意识。那么,我们一定是在这两个时间点之间的某一点产生了意识。是在何时呢?出生是一个显而易见的戏剧性的转折点,但是刚从子宫里出生的孩子似乎不太可能比即将出生的九个月大的胎儿更有意识。

对于一个发育中的有机体,在这里也就是一个人,是在哪个时间点开始出现了意识,我们并未达成共识。我们很容易确定一个十岁的孩子是有意识的,而一个受精卵是没有的。但是,介于两者之间的时间点呢?一个月大的婴儿表现出一些指征,一种"意识"的能力,但是缺失很多关键因素。这正是我们面对黛比以及她之前的凯特时所遇到的状况:一些正常的意识功能——对黛比来说是言语感知,对凯特来说是面孔感知——都还在,但这些都不能断定她们是有意识的。让人沮丧,至少可以这样说。

关于意识何时出现的问题会以这样或那样的方式影响我们所有人。想想关于堕胎和生命权经常引发的一些关注,我们都曾经是胎儿,受制于立法者的反复无常,他们往往更容易受到政治人物和宗教狂热者的影响,而不是科学证据。

如果你认为生命从受孕的那一刻开始,并相信所有人类生命的神圣性,那么意识何时出现便是一个毫无意义的问题。但是,对我们其他人来说,围绕堕胎争议的主要知识难题在于,胎儿在某个特定的发育阶段可能是有意识的,因此从某种意义上说,它可能"知道"自己的命运。与此相关的问题是,如果胎儿有意识,那么它就可能具有"感受"疼痛的能力。感受疼痛是一种体验;它不是外部世界的一种物理属性,如温度,而是我们每个人在受到一个普通的刺激后产生的个人经验。

当一根刺刺入你手指，或当你意识到你的手放在了一块热板上时，你的体验会和我的不同，这取决于你之前的疼痛经历、你的心理状态以及你身体和脑的内部化学环境。疼痛是一种意识体验，要体验到疼痛，我们必须有意识。若非如此，诸如异丙酚这样的麻醉剂就没有办法让我们经受住手术带来的极大痛苦，触发疼痛的刺激（在这里就是手术刀）并未改变，不过万幸的是，意识体验发生了变化。

我们知道，胎儿的脑直到受孕三至四周后才开始发育。因此，在此之前，形成疼痛感知的最基本部件，那个意识的框架尚不存在。成人脑的主要分区在妊娠后四至八周出现，但大脑皮层要到八周后才会分成两个半球。到十二周时，脑的不同部位之间开始出现基本的神经元连接，但这些并不足以支持意识体验的产生。

正如丹尼尔·博尔在他 2012 年出版的专著《贪婪的人脑》（*The Ravenous Brain*）中提到的那样，脑区必须完好无损，运转正常，并能彼此进行交流才能产生意识，而它们直到孕后约二十九周才会发育完全，另外还需要花一个月才能建立起有效沟通。那么，基于科学，任何形式的意识，包括体验疼痛的能力，都不太可能在受孕后三十三周之前出现。

批评者指出，十六周的胎儿就能对低频声音和光线做出反应。确实，到了十九周，胎儿甚至可能对疼痛刺激做出退缩或缩回肢体的反应。这些都是很有说服力的迹象，它们常被看作是意识涌现的证据也可以理解。然而，正如丹尼尔在他书中所述，这些反应均由脑最初级的部位产生，这些部位与意识无关，因此无法用来作为推断胎儿具有意识的证据。我们所见的是胎儿发育早期对一系列物理环境和状态做出的反射行为,可能完全由原始的脑干和脊髓所控制。有宗教信仰的人士可能会说:"丹尼尔的这一论点仍然无法解释意识是如何产生的。"这么说也是有道理的,人的意识从无到有就好像体内有一个神秘的开关被打开了。因为我们无法理解这一开关是如何开启和何时开启的,所以一些超自然的说法便被拿出来作为解释。

一生致力于探究处于危急状态的个体是否具有意识,作为科研工作者,我认为那种说法纯属无稽之谈。即使我们尚未了解意识是如何产生的,也并不意味着我们无法在物理层面上进行解释。实际上,我坚信在不远的将来,我们一定能理解并解释这些机制,就像近年来我们从物理层面去解开的很多其他重大的宇宙之谜一样。作为科学家,我们搜集数据,提出假设,再验证假设。有时我们能解决问题,并做出一些新的解释;有时我们则不能。但是,今天能否解决问题和它是否可解决的问题完全没有关系。我们尚未找到物理层面的答案就落入超自然的解释是不科学、不合逻辑的,依我看,也是荒谬的。

★   ★   ★

黛比是否有意识? 意识是何时出现的? 正当我们在剑桥全力解决这些问题时,在大西洋的另一边,一个国家的全国上下都在为意识何时终结而争论不休。一夜之间,灰色地带突然变成美国晚间新闻的头版头条,而且,消息很快传到我们这里。不知何故,一场风暴爆发了:对的患者、对的家庭、对的分歧以及恰到好处的公众关注度,所有这些抓住了媒体的注意力。一场围绕一位女士生存权和死亡权的运动开始了,她被宣告处于植物状态,一直躺在病床上,显然不知道

意识框架

整个国家都在为她抗争。1990年,特丽莎·玛丽·夏沃(Theresa Marie Schiavo)在她佛罗里达的家里突然心脏骤停,由于长时间缺氧造成脑部大面积受损。1998年,她的丈夫迈克尔向佛罗里达法院提出申请,请求撤除她的喂食管,让她结束生命。特丽(特丽莎的昵称)的父母罗伯特和玛丽·辛德勒则反对,认为他们的女儿是有意识的。

剑桥热切关注着。签署书面协议,拍摄纪录片,全家上真人秀,发起诉讼,支持生存权和死亡权的两派抗议者走上街头,新闻界沸腾了。这对我们英国人来说太荒谬了。你可以想象一下我们"茶余球后"的对话。

"呃,至少总统并未参与其中。"

"哎呀!总统也参与了。"

有着莫妮卡·莱温斯基(Monica Lewinsky)和比尔·克林顿(Bill Clinton)的丑闻以及辛普森(O.J.Simpson)一案的先例,我们已经接受了这样一个认知:美国的法律体系好听点说是难以捉摸,而有时甚至可以说是荒谬的。

似乎为了凸显不同,英国也正从它自己的夏沃风波中恢复,它没有佛罗里达州马戏团般的气氛,却十分令人痛心。安东

比尔·克林顿

尼·布兰德(Anthony Bland),22岁,是利物浦足球队支持者,在1989年希尔斯堡球场那场导致96人死亡的踩踏事件中受伤。布兰德案件受到全国关注长达月余,而法院则多年都在研究这一案件。球迷

谴责警察;警察谴责球迷。布兰德受到严重脑损伤,成了植物人。在家人的支持下,医院向法院申请让他有尊严地死去。

法官史蒂芬·布朗(Stephen Brown)做出裁决——这是英国法院的首次认定——判定通过饲管进行人工喂食是一种医疗行为,停止治疗符合最佳医疗实践。随即便有反对声,不过是以典型英国人的方式。由法定代表律师办事处指派给布兰德的律师辩称撤除食物无异于谋杀,并对此裁决提出申诉。然而,申诉被上议院驳回。

1993年,布兰德成为英国法律史上由法院裁定通过撤除包括食物和水在内的生命延续治疗而允许死亡的第一人。相对而言几乎没有人反对,没有小题大做,只有媒体有一些冷静的讨论,他们意识到时代已经变了,当患者没有希望时,他们可以被允许行使死亡权。

这是一种十分英式的处理方式,恭敬有礼,惋惜悲伤,十分斯多葛派①,仅稍稍偏离标准操作。1994年4月,生存权倡导者詹姆士·莫罗(James Morrow)神父就曾试图控告那位撤除安东尼·布兰德食物和水的医生涉嫌谋杀,但这一指控很快被最高法院驳回。

这和美国的气氛或态度完全不同,他们的党派也都热火朝天地卷入其中。2003年,佛罗里达州通过了"特丽法(Terri's Law)",这让州长杰布·布什(Jeb Bush)有权来干预此案。布什立刻下令重新给夏沃插上食管,它在一周前刚被拔掉。

为了让他们的女儿活着,辛德勒一家到处游说,这又引发了更多的公众关注。他们请著名的生存权捍卫者兰德尔·特里(Randall Terry)作为他们的发言人,不断寻求可以利用的法律条文。疯狂逐渐

———————————————

① 斯多葛派是指对痛苦或困难能默默承受或泰然处之。(译者注)

意识框架

升级,凡是手握话筒、有着一张嘴的人都在关注这个案件。

2005 年,法院允许夏沃的丈夫迈克尔永久地拔除喂食管。这个案件引发了 14 起上诉和不计其数的运动、请愿及佛罗里达法院的听证会;还有美国联邦法院的 5 起诉讼;还有来自佛罗里达州立法机构、州长杰布·布什、美国国会及总统乔治·W.布什(George W. Bush)的大量的政治干预;还有来自美国最高法院的 4 份拒发调卷令。作为一名法律专家,大卫·加罗(David Garrow)在《巴尔迪摩太阳报》(*Baltimore Sun*)中如此形容:"美国历史上经历各种评论和各种对簿公堂的死亡结束了。"

夏沃的尸检显示,她脑部具有广泛损伤,关键脑区都已萎缩。在受伤或长时间缺氧后,脑细胞通常会相继死亡,并且无法被取代,称为细胞凋亡,这在处于植物状态的患者身上十分常见。夏沃脑中负责高级认知如思维、计划、理解和决策的关键皮层受损,很清楚地表明她已不再有觉知的表象;认知的基本构件、支撑意识的框架已被损毁。

判定特丽·夏沃是否具有意识与判定一名一个月大的婴儿是否具有意识还不一样。虽然难以从一个月大婴儿的行为上判定他是否有意识,但是他们具备支持意识有无的神经元系统。夏沃既无这些神经元系统也无潜力将其发展完善。她并不处于灰色地带。那个生于宾夕法尼亚州蒙特马利县的特丽莎·玛丽·辛德勒,那个嫁给她初恋迈克尔·夏沃的腼腆女孩已不在了,也永远不会回来。取而代之的是什么样的人呢?很难说。毋庸置疑的是,特丽·夏沃已经远去了。

　　夏沃的案例让公众明白什么是灰色地带。它第一次将脑损伤和科学带到了法庭,整个科学界、法律界、哲学界、医学界、伦理学界以及宗教界都为之剧烈震动。我意识到,我们研究灰色地带实际上研究的是生存的意义。我们探索的是生与死的边界,我们正处于一个核心地带,试图厘清身与人的不同、脑与心的差异。伟大的物理学家和分子生物学家弗朗西斯·克里克(Francis Crick)在他 1994 年那本具有开创性的专著《惊人的假说》(*The Astonishing Hypothesis*)中写道:"你、你的欢乐与悲伤、你的记忆与抱负、你的个人认同感与自由意志,实际上只不过是大量神经元细胞及与之相关的分子的行为而已。"仅仅几年后,我们便开始揭示,我们脑中那团 3 磅重的灰质和白质是如何产生思维、感觉、计划、意图及我们所有的意识体验的。

心 理 呓 语

我语言的界限就意味着我世界的界限。

——路德维希·维特根斯坦（Ludwig Wittgenstein）

当"生存权"和"死亡权"之争将两个国家都分裂成两派时，我们正忙着建立一系列证据来帮我们探究像特丽·夏沃和安东尼·布兰德等患者的意识。我们需要更多、更可靠、完全毋庸置疑的证据。夏沃事件已经非常充分地说明这件事的重要性。我确信，我们正在做的事情的价值甚至更高——如果我们能够分析出是什么让黛比和凯特的脑对我们的"刺激"做出反应，我们就找到破解意识密码的正确道路。

我们的下一步计划是设计一个实验，让我们能推断出像黛比或凯特这样的患者具有语言理解能力。我们知道，他们的大脑能加工言语，但是他们可能潜在的意识能理解这些言语的真实含义吗？

英格丽德·琼斯路德（Ingrid Johnsrude）和她的同事詹妮·罗德（Jenni Rodd）以及马特·戴维斯（Matt Davis）在应用心理学组研究的正是这个问题，他们精确定位出我们脑的哪些部分负责理解口语。

他们设计了一个特殊实验,背后的逻辑十分巧妙,并且——沿袭应用心理学组的纯正传统——也有些古怪。他们认为,如果将言语淹没在静态噪声的海洋中,那么,为了从所听到的内容中提取意义,脑中负责理解语言的部分将不得不更加努力地工作,这样,PET 扫描就能捕捉到这些脑活动。他们设计的实验就好比转动汽车收音机的调频旋钮,以便寻找一个清晰的信号。有时你会碰巧找到一个电台正在谈论你非常感兴趣的话题,但是信号接收很糟糕,你几乎听不清他们在说什么。话题诱惑你一直在听,但你必须费力地从背景噪声中解读谈话的内容。

英格丽德和她的同事招募了一组健康志愿者,并构建了一个与刚才所述几乎完全相同的场景,用 PET 对他们进行扫描。他们给被试者呈现一些"清晰度"不同的句子。通过调节静态噪声和清晰言语的相对量,一些句子很容易理解,一些句子需要额外的努力才能理解,还有一些句子则几乎无法理解。随着句子变得越来越难理解,左脑颞叶皮层一个部位的活动增加。句子越难理解,这一脑区就越发努力工作。这通过 PET 扫描能显示出来,因为越来越多的有放射活性的血液涌向这个区域以替代耗尽的能量。

我的心理语言学家朋友找到一条途径——一条区分理解言语的大脑和仅仅体验言语的大脑的途径。这就是答案吗?这就是打开意识之门的钥匙吗?我们需要再找一位患者来解答这个问题。

2003 年 6 月,来自剑桥的 53 岁公交车司机凯文头痛欲裂,瘫倒在床,很快便昏睡过去。第二天,他失去了反应,一侧瘫痪,伴随不可

心理呓语

控的异常眼球运动。被送进阿登布鲁克医院后，MRI扫描显示，他的脑干和丘脑发生了严重的中风——这是对意识的极端"双重打击"。

我们知道，脑的许多基本功能，包括睡眠和觉醒周期、心率、呼吸和意识，都依赖于脑干。脑干还向丘脑发送大量有关听觉、味觉、触觉和痛觉的感觉信号。丘脑是中央中继站或枢纽，通过一个极其复杂的由相互沟通的神经元组成的网络连接多个脑区。脑干和丘脑的联系对保持大脑的完整性、维持意识和生命至关重要，它几乎就是一切。

在被送到阿登布鲁克后，凯文的清醒程度有所波动，但随后稳定在深度无反应状态。三周的随访评估显示他的状态没有发生变化，他被宣布为植物状态。2003年10月，在他昏倒4个月后，我们认为他的情况已经足够稳定，可以对他进行扫描，于是决定给他做英格丽德和她的同事开发的新测试。我们给凯文播放被静态噪声掩盖的录音句子，同时进行扫描，看他是否能听懂。这看起来可能性不大，但值得一试。

在凯文的扫描开始时，我在想，在凯特和黛比后，我们是否能有第三次的幸运呢。令人惊讶的是，我们竟然又一次做到了。我们发现凯文脑中专门处理言语的区域出现了很强的反应。这虽然令人兴奋，但并不新鲜；我们给黛比播放单词后，用信号相关噪声作对照，在她脑中也看到过和它几乎完全一样的激活。但是，它确实告诉我们，和之前的黛比一样，凯文仍像受伤前一样在处理言语。

在黛比的案例中，评估无法深入下去。因为我们只是用言语和非言语的声音对她进行测试，没有中间选项。因此，她的头脑能否理解言语仍是未解之谜。而在凯文身上，我们有了更多的发现。我们仔细地比较了在分别给他播放简单的句子、需要作一些额外努力才能理解的句子及很难理解的句子时他脑中发生的事件。

令人难以置信的是,在凯文左脑颞叶的上、中缘处出现了脑活动的信号。当健康被试者需要作一些努力来理解那些淹没在静态噪声中的句子时,他们脑中的这些部位也会被激活。健康被试者的语言理解能力与左脑颞叶的活动强烈相关。对于我们假定已处于植物状态 4 个月的凯文,当我们播放一系列越来越难以理解的句子时,他脑部相同区域的激活发生了变化。显然,这是能证明凯文的大脑不仅仅听到了讲话,而且能理解讲话的关键证据。

在我们首次扫描凯文九个月后,什么都没有改变。他仍然处于植物状态,身体上完全没有反应,仍然在医院里。我们决定重新给他扫描。结果是一致的。当我们给他播放和以前一样的句子时,他的脑活跃起来了;当这些句子被淹没在静态噪声中而变得更难理解时,脑活动会变强。每次扫描时,他脑中活跃的区域与我们九个月前看到的几乎完全相同。我们重复了我们的发现。毫无疑问,凯文的大脑在处理语义。

虽然能重复我们的结果很令人振奋,却也令人沮丧。我真正想知道的是凯文有什么样的体验,我们是否能做些什么来减轻他可能正在经历的痛苦。他是否和凯特一样感到极度口渴?他是否曾试图屏住呼吸结束自己的生命?他是在倾听每一次谈话,还是已经离开了这个世界,已从噩梦般的生活中解脱了?他知道我们在扫描他吗?他知道我们试图联系他吗?他在乎吗?

这些问题十分吸引人,但我知道,要回答这些问题,我们必须持续专注于此,一步一步地进行下去,获取每一项科学数据,仔细研究,然后用它来构建一幅凯文意识世界的图景,如果他真的有那么个世界的话。

在凯文和黛比的案例中,我们仍然在试图理解语言和意识之间的联系。我们取得了一些进展,但是许多关于意识的棘手的老问题依然存在。凯文的脑袋能理解句子的意思。这是否意味着,当凯文听到像"那个人开着新车去公司"这样的句子时,他脑海中会浮现出一连串让他能回想甚至加以渲染的鲜活画面呢?或者,他的脑袋只做出了一种更低、更自动化层次的响应,不能产生一种可资思考的体验;只不过是词与其义之间简单的联系使得脑中出现一幅一人一车的画面,除此之外别无其他。人、车和公司都是普通名词,可能由于它们经常出现而被脑中的自动化装置记录,但对凯文(以及其他像他这样的人)而言,会缺乏作为完整意识体验重要组分的细节或图像。

我们许多复杂的脑加工,哪怕是对言语的理解,在我们还没有完全清醒时就可以进行。假如你睡着了——也许不是深睡,但睡着了——身边有人喊你的名字,你可能会醒来。然而,如果身边的人叫了别人的名字,特别是这个人对你来说并不重要,你可能还会继续睡。

对这两种情况的不同反应证实了,你的脑袋在意识减弱的情况下,会对你周围的言语内容进行监控和作出决策。你的脑袋不可能无缘无故地只"听到"你自己的名字,却"听不到"其他人的名字,因为只要有一个名字听不到,你的脑袋就不知道那是不是你的名字。

脑袋必须记录所有的名字。

将这个逻辑作进一步推理。当你睡觉时，你的脑袋一定在监控和处理你周围的所有言语，实际上，是你周围所有的声音，就是为了去"判别"那是你的名字、别人的名字、非名字，还是一个远处的割草机的声音。就这样，你睡着觉，不知道周围发生了什么，也不知道脑袋是如何处理它们的。这不仅适用于人类。看看猫或狗，它们能在响亮却又熟悉的声音（如割草机的声音）中熟睡，但当它们听到更小声却更吸引它们的声音时，却会睁开一只眼睛———一只老鼠在碗柜里抓挠。不难理解为什么会这样；这对生存至关重要，可能是几千年来我们注意力投射的重要部分。当有潜在危险（或可食用）的东西发出声音时，我们都需要被唤醒。但是想象一下，如果每种声音都有同样的效果———我们整个晚上会难以入眠。

那么，我们应该如何解释凯文脑子里的活动呢？这些活动能说明他是有意识的吗？或只是他的大脑在做自己的事，而他，那个叫凯文的人，一直没有意识？

没有明确的答案。我们得再挖深一点。我希望凯文的脑活动是一个信号，一个微小的信息，告诉我们他还在里面，想要出来，等着我们找到他，把他从我只能想象到的痛苦存在中释放出来。但是，另一个我却为这个想法而战栗。我害怕这种可能性：凯文还活着，他知道我们对他进行扫描，但同样也知道我们目前并不能解析他的脑活动到底意味着什么。毕竟，如果凯文有意识，他已经参与在他面前的每一次交流了，他会知道在扫描时我们一直试图与他取得联系，他会知道我们不知道如何解释结果。他就像一位搁浅在荒芜小岛上的遇难者，我们会不会像一艘远远驶过的船舶，让他希望落空、迷茫无助？

我们的所作所为是不是反而加重了他的痛苦,使他的处境更糟呢?我尽量不去想它。

姑且不论凯文的状况如何,只是遇到他并和他的大脑进行沟通的过程就让我再次想起莫琳所处的困境,想知道他俩的情况是否有相似之处。当然,他们脑损伤的原因是不同的,但造成的结果——觉醒无反应状态——大同小异。如果凯文的意识还有残存,那么莫琳也是如此吗?

★　　　★　　　★

没有过多久,这一切出现了转机。

经过几个月的调度和协调,沃尔夫森终于拥有了一台功能磁共振成像扫描仪,简称 fMRI。这项了不起的技术自 20 世纪 90 年代初起应用到人体以来,开辟了一个充满各种可能性的全新世界,为灰色地带科学的发展带来了革命性的进展。

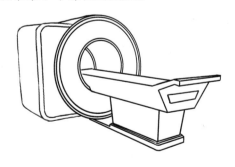

功能磁共振成像扫描仪

fMRI 使用了一种与 PET 完全不同的脑成像技术,但其结果几乎是相同的,都是检测与思维、情感和意图等相关的脑活动。运往脑部的含氧血液与已经脱氧的血液在磁场中的表现不同。换句话说，氧合血和脱氧血具有不同的磁性。脑中更活跃的区域接收更多的含氧血液，fMRI 扫描仪可以检测到这一点，并确定活动发生的位置。与 PET 不同，fMRI 没有"辐射积存量"。事实上，fMRI 完全没有任何伤害性，因此患者可以不限次数地接受扫描。当发现阳性结果时，你可以继续尝试去弄清楚到底发生了什么，永远不会因次数的限制而使研究搁浅。

fMRI 还有其他优势。它以秒级的速度监控脑的活动，而不像 PET 那样过几分钟才扫描一次。这一特点意义深远，尤其对口语研究有重要的作用。fMRI 所记录的脑活动使我们理解语言的加工过程以秒计，而不是以分钟计。

阅读和理解一页文字通常需要大约一分钟的时间，相当于 PET 扫描一次的时长。但是，当你读到这一页的最后部分时，你的大脑早已解码并理解了许多不同的句子。你不会等到这一页的末尾才消化它的内容，实际上，即使你想这样做也做不到。

理解语言是一个持续的过程，你在看一页文字的过程中，你的大脑会逐字逐句地解析这些文字的意义。事实上，文字意义的理解发生在比这更低的层次，我们待一会儿就会看到。现在，我们可以说，fMRI 可以研究的信息块的大小——其时间分辨率——可以充分揭示我们如何处理单个句子。PET 扫描的时间分辨率是分钟，而不是秒，只能检测人脑对一整页文字的反应，而 fMRI 可以检测每个句子是如何被处理和理解的。

这一进步至关重要，对凯文，我们的问题在于想要揭示他到底能理解什么：也许只是一些基本的想法、一般的概念及对周围所发生事件的粗略印象。也许,他也能逐字逐句地解读出所说话语的意义,就像正常人一样。

★　　　★　　　★

与阅读类似,我们在听自己的母语时通常可以很轻松地理解话语的意思,以至于我们意识不到这一过程实际上有多么复杂。为了理解一句话,我们不仅要识别所有的单词,还必须检索这些单词的意思,并将它们适当地组合起来。

在英语中,很多单词(大约 80%)有歧义。同形同音异义词有着两种不同的含义但拼写和发音相同(如 bark①)。同音异形异义词有两种含义,拼写也不同,但发音相同(如 knight,night②)。在句子"男孩被响亮的 bark 吓住了"中,你得弄明白这个模棱两可的词"bark"是指狗叫声,而不是树皮。你的头脑通过句子其余部分提供的上下文来做到这一点。使用 fMRI 有可能让我们看到,一个像"男孩被响亮的 bark 吓住了"这样的单句是如何在几毫秒内被我们的头脑解码成正确的意思的。

英格丽德·琼斯路德和她的同事一直利用语义歧义来研究健康人脑如何理解口语。他们进行了一项 fMRI 研究,让健康被试者躺在扫描仪中,听包含几个有歧义单词的句子,如."The shell was fired toward the tank(shell、fired 和 tank 都有多重含义)."③被试者还听了

---

① bark 有树皮之意也有狗叫之意。(译者注)
② knight 和 night 发音相同,但前者意为骑士,后者意为夜晚。(译者注)
③ 此句意为"炮弹射向坦克"。(译者注)

不含歧义词语的句子:"Her secrets were written in her diary."①这两类句子在各种重要的心理语言学指标上都很匹配,实验思路是,包含歧义词汇的句子需要大脑进行额外处理来识别和选择适合语境的含义。果然,含有歧义词汇的句子造成大脑左颞叶和额叶下部活动的增加,表明这两个区域对理解口语句子的意思很重要。

这一发现对我们来说十分重要,当时我们正在思考凯文的 PET 扫描结果,想知道他到底是怎样理解语言的。让被试者躺在扫描仪中听两类不同句子,看来可用于揭示人脑能否通过联系某个词与句子上下文的意义来选择该歧义词的其中一种意思。这肯定是语言理解的最高水平。理解语言还需要其他加工吗?还有比这更难的吗?我们这里所说的语言理解不再是简单意义上的将某个词与其意思建立起一般性的或自动化的联系(如我知道"狗"是某种"动物"),我们现在谈论的是对完整句子——而且是有歧义的完整句子——的理解,对这类句子的理解意味着我们已经从记忆中检索出每个单词的多重含义,然后基于每个单词与句子其余部分提供的上下文信息的关系来选择适当的词义。

我们开始认识到,能否理解语言可能是探测意识有无的关键——不是说语言就是意识,而是说如果人们表现出能理解言语最复杂的部分,那么他们很可能是有意识的。哲学家可能会反对说,语音转文本的翻译器,如智能语音助手,在某种意义上"理解"了言语,但大家应都同意智能语音助手是没有意识的。然而,如果碰到像上述描述的情形,出现语义上的歧义,机器(而不是人类)就会陷入困

---

① 此句意为"她的秘密写在她的日记里"。(译者注)

境。尼尔·阿姆斯特朗（Neil Armstrong）和巴兹·奥尔德林（Buzz Aldrin）在大约50年前就登上了月球，然而，即使是当前全球最优秀的研发团队似乎仍然无法制造出一种能正确无误地理解人类言语的机器。

为什么呢？部分原因在于，人类的言语充满了歧义，即使组成句子的每个单词都没有歧义。我们来看这句话："He fed her cat food."是"他给她的猫喂食"还是"他给她吃猫粮"呢？仅凭这句话是不可能知道其要表达的意思的，因为这句话有歧义。人脑通常结合上下文来处理这种歧义。在说这句话时，我们是在谈论他女性朋友的猫还是在谈论他女性朋友的奇怪的饮食习惯？机器或软件怎么能区分两者的差别？它们不能（或至少它们大多数不能），因为它们不像你可以意识到当下、当天早些时候、上周或在你生命中的任何其他时间所发生的一切——你拥有的这些信息提供了一个语境，使你能理解句子"He fed her cat food."在此时要表达的意思。

值得再提的是，英格丽德和她的同事向我们展示了大脑的两个区域，一个位于左脑颞叶的后部和底部；另一个位于额叶的下部。这两个区域对理解口语句子的意义非常重要。当碰到歧义时，这些区域便激活并试图解决它。事实甚至比这还要复杂，脑的记忆网络对理解口语也至关重要。如果我们记得我们的女性朋友没有猫，那么将"He fed her cat food."解释为她吃了一罐Whiskas猫粮就变得非常合理。可是，就我们记忆中的经验来看，我们又知道人一般不吃猫粮，猫才吃猫粮。这样，当听到一句歧义句后，所有这些脑的加工过程会共同工作来解决语言歧义的问题。

这些加工过程正显示语言和意识的紧密联系。我们在理解语义时需要这么多复杂的认知过程,包括消除词语的歧义、解读上下文、在长时记忆中检索信息以及鉴别社会规范(如很少有人吃猫粮)等。所以,如果一个人的脑袋表现出有效执行了所有这些过程,那么,它就不可能是无意识的。通过研究人脑对语言的加工,我们正一砖一瓦地逐渐构建起人类意识的全貌。

凯文成为第一个接受 fMRI 扫描的患者,这一超凡的新技术将在灰地科学的发展中扮演重要的角色。他穿袜子的脚从磁共振机器的长轨道上伸出来。我们按下启动键,机器开始运转,先发出一阵低沉的呼呼声,接着发出响亮的无线电波声,然后 fMRI 扫描仪发出的清晰的(而且非常大声)哔哔声便开始响起。

凯文确实为灰地科学的发展作出了贡献,让我们对什么是有意识有了更多的理解。但是,参加我们的实验可能并没有给他本人带来什么好处。他的这次扫描结果就像是拼图游戏中的重要图块,但是离造福大众,我们还有很长的路要走。我坚信,凯文是我们完成完整拼图的重要一角,大量的图块正在快速汇集起来,最终的拼图能很快应用于临床,实际帮助到像凯文这类进入灰色地带的患者的日子指日可待。

当我们给凯文播放有歧义词的句子时,他颞叶的活动状态与健康志愿者的一模一样。根据以往的研究我们知道,集中出现在左半球位于大脑底部和后部附近的活动对语义处理十分重要。尽管凯文被诊断为植物状态,但他的脑细胞仍在活动,在听到包含歧义词的复杂句子时,会通过选择并整合与语境适合的词义来理解语义。

第六章
心理呓语

过去从未有人做过这样的实验——一组从心理语言学的角度精心设计的复杂句子引起了某些脑区极其微妙的变化,而这些脑区控制着语言理解最复杂的部分。从实验结果来看,凯文的脑部仍在加工着复杂的句子,用于获得其含义。

在凯文做完 fMRI 扫描几个月后,我在剑桥参加了一场特别的临床和护理人员聚会,满怀兴奋地向与会者展示了我们的研究结果。我本来认为我们从凯文那里获得了一些新的认识,对像他这样的患者的能力有了新的了解,我们将灰地科学的边界又向前推进了一步。不过,我得到的反馈信息既有毁灭性又有启发性。我们所展示的——凯文对高度复杂、有歧义句子的脑反应——根本说明不了什么问题。与会者希望我能拍着胸脯说:"扫描的结果证实凯文确定是有意识的。"无论给出的心理学刺激多么复杂,使用的技术多么先进,我们自认为有多么聪明——除非我们能提供确凿的证据证明凯文是有意识的,否则没有人会相信他是有意识的,甚至没有人相信他可能存在意识。

我不知道对凯文的研究是不是我在科研道路上遭遇的挫折,也不知道他的扫描结果会引领我们走向何方,总之,在 2004 年,我决定要休息一下。2003 年,我曾受邀到澳大利亚悉尼,就我在额叶功能和帕金森症方面的工作做过主题演讲,并结识了一些在新南威尔士大学从事精神病学研究的新朋友。他们不久前安装了一台新的

fMRI 机器,因此再次邀请我去,并在那里待更长时间,好协助他们建立成像系统。

我抓住这个机会去澳大利亚旅游了四个月。我在库吉海滩租了一套公寓,就在邦迪以南几个海湾的地方,那里有金色的沙滩、美好的居民、充足的阳光——对英国人而言这儿几乎就是天堂。我每天早上都在海滩上或沿着美丽的悬崖小径散步,独自一人,有很多时间思考。

莫琳出事已经八年了,她成为植物人不到一年我便遇到了凯特,然后是黛比和凯文。曾经闹得沸沸扬扬的夏沃案也已接近尾声,几个月后她会死去。我职业生涯的大部分时间曾经用于研究额叶的功能以及它们与帕金森症等疾病的关系,而今我的研究兴趣已逐渐转移到被困在灰色地带的患者的意识这个新兴的领域。

这一新兴领域让人无法忽视,它是那么的令人兴奋和富有活力,并以一种奇怪的、科学的方式吸引着我。这是带有目的性的脑成像研究,不再是为科学而科学的工作。这场科学之旅带有清晰的愿景,就是为人们提供实质性帮助,莫琳便是其中一员。具体如何做到我也不知道。每个实验回答了一些问题,却又衍生出许多问题,但每个新问题都和前面一个问题一样有趣。

目前最大的难题是,我不知道接下来该怎么办。下一步该做什么? 接下来我们需要解决什么问题以推进我们的理解? 我举棋不定。直到有一天我突然灵光乍现——答案一直就在我眼前。我的两个研究方向看似毫不相关,其实并非全无关联,实际上,它们之间的关系非常密切。接下来的研究方向就摆在我面前,我只是一直没有看到而已。

第七章

随 意 的 世 界

无论我们点燃什么样的火炬,无论它能照亮多少空间,
我们的地平线仍将永远被无尽的黑夜笼罩。

——阿瑟·叔本华(Arthur Schopenhauer)

我最后一次得到凯文的消息是在 2005 年,那是他中风两年多后。那时,他的情况已基本稳定,住在一家护理机构中,但仍然处于植物状态。我不知道他是否知道我们曾试图跟他交流。护理机构的工作人员是知道我们的发现的。他们会因此而对凯文的生活做出些改变吗?他们对待他的态度会有所不同吗?他们是否会因他可能听懂而跟他说话?他们会给他读一些文章吗?我可能永远不会知道这些问题的答案,这很令人沮丧,但我无能为力。

在扫描凯文的那段时间里,我和我的一位博士后安雅·德芙(Anja Dove)正在进行一个 fMRI 项目,研究我们的额叶是如何影响记忆的。我们的直觉告诉我们,额叶在我们着意记住某事或在我们告诉自己需要记住某事时扮演重要角色,它们对所谓的"自动化记

忆”并不重要。“自动化记忆”就是生活中那些不管你想不想要，你都可以不费吹灰之力就能记住的细节和事实。例如，你车的外观，你自家洗手间的位置。当你主动去记一串电话号码、一个地址或一份少到你懒得写下来的购物清单时，你的额叶就会发挥作用。两者之间的区别对我脑中逐渐形成的研究思路十分重要，我正试图去证明至少在某些表面上处于植物状态的患者——很多人坚信这些人在扫描仪中对我们所呈现的刺激只表现出自动化、无意识的反应——身上仍存在意识。

就在我坐在库吉海滩上看着海浪的时候，千头万绪的想法开始融合成形。在不经意间突然灵光乍现，我意识到意向和意识密不可分；如果能证明一个，就能推测另一个。而意向正是我们通过额叶记忆实验在探讨的认知形式。要理解这一点我需要做进一步的解释。

我一直在指挥哦

指挥一切的大脑

想象一下，你正在画廊里闲逛。在一个小时左右的时间里，你会看到数百幅画作，它们在颜色、主题或风格上有的独树一帜，有的相似或雷同。继续想象下去，你没有特别努力去记住它们中的任何一幅，很久以后，如果你再去那间画廊，你很可能会认出其中某些画作，而对其他画作则毫无印象，有些可能看起来眼熟，但你又不能确定以前是否见过。虽然你可能以为你认出了其中的

随意的世界

一些画,但实际上你把它们与你看到的其他相似的画混淆了。

这是大多数记忆的工作方式。世界上有大量的信息可供记忆,但现实生活不是一场记忆力大考查,所以我们不会花力气有意识地去记住我们经历过的所有事情。这些经历对我们来说只是一种生活体验,有些令我们印象深刻,有些则不然。一般来说,让我们印象深刻的往往是与众不同的,没有记住的则因其与我们的其他经历雷同而更易混淆。

这并不是说我们是在茫然度日,至少大多数时间不是的。我们通常有一盏“注意的聚光灯”(某些认知神经科学家这样称呼的),不管我们喜不喜欢,处于聚光灯下的事物更可能被记住。当我们将注意放在某样东西上时,它会在人脑中形成一种表象,此时大量的神经元簇会对它的大小、形状、声音、外观、感受、与什么相似、之前是否见过产生响应。我们注意“聚光灯”下东西的方方面面,从物理属性到方位,及其与同时出现在人脑中的其他物体的相关性(如以前的记忆),都通过神经元的放电来“表征”。这就是注意的生理基础——将物理世界中的某物,如你正在看的物体,映射到脑中活跃的神经元网络上,并重塑这个网络。因为这一特定的神经元网络是同时放电的,它们作为一种记忆——一种持续、稳定的,可以在日后被提取的表征——被储存下来的可能性就会增加。借用 20 世纪著名的加拿大神经心理学家唐纳德·赫布(Donald Hebb)的一句话:“共同放电的神经元,其间必会产生连接。”赫布的意思是,我们的每一种体验、思维、感受和身体感觉都会激活成千上万个神经元,这些神经元构成了那段体验的神经网络或表征。随着这种体验的不断重复,这些神经元之间的连接也不断加强,于是相应的表征便会越来越固定,在我们脑中成为一种"记忆"。

这种类型的记忆与刻意形成的记忆（如你记住的乘法表）不同，是由大脑的颞叶完成的，不受意识控制。心理学家称其为再认记忆，因为唯有在自发性地"再认"出曾经历过的事情之时才会意识到它已在记忆中存在。再认记忆不需要额叶参与。过去我和莫琳在莫兹利医院工作时，我就发现，那些额叶严重损伤的患者仍然能认出他们之前看过的图片，即使他们只是匆匆一瞥。但是，颞叶动过手术的患者难以识别几秒钟前刚呈现过的图片。只有当我们真正想要记住某件具体的事情时，或者说，当我们有一个有意识的想法去将某事纳入记忆中时，我们的额叶才会活跃起来。

我们尚不清楚为什么我们会有两种不同的记忆方式，但是这一机制非常强大，并且肯定与意识密切相关。如果我们能记住的只是我们有意去记住的东西，那么我们往往就会陷入无尽的麻烦中。想象一下，你第一次去见你的岳母或婆婆，但忘了特意记住她的脸，然后隔天碰到她时你没能认出她，那是不是很尴尬？我们的大脑能自动记住这类事情真是太棒了，因为这样我们就不用自己去记了。它很有效率，因为很多我们记得的东西，甚至很多我们必须记住的东西，都无须我们有意识地、一丝不苟地去学习。只要知道当你再次见到岳母或婆婆时，你会轻松认出她来就足以让人松了一口气。

你也不希望你所有的记忆都处于"自动驾驶"模式，你还是想要有能力来决定哪些事情是最值得记住的。如果你在被介绍给你岳母或婆婆的同时还被介绍了一群七大姑八大姨以及远房表亲，这时你最需要留意并记住的是你岳母或婆婆的名字，因为毫无疑问，忘记这个名字所带来的不良后果在未来非常严重。仅仅在你注意的"聚

随意的世界

光灯"下停留一会儿并不能将你岳母或婆婆的名字镌刻在大脑中,你需要暂且让自己脱离自动化记忆模式,激活你的额叶记忆系统,刻意多花点力气优先记住名字。此刻正是意识真正发挥作用之时。

意向,是一种有意识的行为,它通过个人的意愿来决定将哪些事存入记忆,而不是把记得和忘却哪些事的权利交给捉摸不定的颞叶记忆系统。就跟记住乘法表一样,记住你岳母或婆婆的名字会让你受益匪浅,值得你投入一些意识能量去做。

在库吉的海滩上,我开始意识到,理解记忆是自动形成还是有意形成的,可能是理解植物人脑反应是否有意识的关键。如果你能证明它是有意向的,那么它肯定就是有意识的;反之,如果它是自动化的,那么可能就不是。

为了进一步说明,请想象你自己再次回到那间画廊。你徜徉在不同的展品前,然后想要确保记住其中一幅特别的画,于是你按着自己的意愿刻意地(并且自知地)将它存入记忆中。很久以后,当你再次参观这间画廊时,你有可能会记得那幅画,而记得其他作品的可能性比较小。为什么? 因为你启动你的额叶给那件艺术品赋予了特殊的重要性,并且有意向性地、刻意地记住了它。

还有一个理解额叶如何工作的很好的例子,就是记住你每天把车停在哪里。对这种情况,你会在你的工作记忆中把今天停车的位置赋予特殊的重要性,将它保留一整天直到不再需要它(也就是当你取回车子时)为止。而对更长期的记忆来说也是如此。例如,你再次参观画廊时还记得某幅画作,或记得你岳母或婆婆的名字。如果你希望这些记忆能保存,你的额叶会强化它们的痕迹,增加你以后成功提取它们的机会。

　　如果你被七大姑八大姨和远房表亲的名字弄得晕头转向,那么你可能需要引入一员大将——位于额叶中上半部分的特殊脑区,称为背外侧额叶皮层。脑中的这个区域擅长索引和分类。当你听到一堆名字,它们都在争夺你的注意力,但你只想记住其中一个或几个(如你岳母或婆婆的名字),这时这个脑区就发挥作用了。它还能执行一些特殊的功能,使记忆进行更加精确的检索(例如,她喜欢别人叫她乔还是乔瑟芬?)。如果有必要的话,它还可以取代你脑中长久的、深刻的记忆(例如,如果你曾经和萨莉结婚长达30年之久,那么你要记住你现任妻子的名字,你可能需要特别花一些心思,需要你的背外侧额叶皮层完成一些特定的输入)。这似乎是额叶进化出来的一种重要功能,赋予我们特别的自主控制力,让我们得以凭个人意向做出决策、发号施令、体会做自己的感觉。

　　由此看来,大脑这一区域还与一般智力(g)以及 IQ 测验的表现相关,这就不足为奇了。我们的推理能力、解决复杂问题的能力以及提前计划的能力都依赖我们的额叶,这些都是决定我们人生能走多远的必不可少的认知能力。例如,一个人的在校成绩与 g 测验的分数相关,这大概是因为我们的 g 分数依赖于我们额叶的表现,而额叶的表现又决定我们灵活操控记忆的能力,这种能力在不同情况下对我们都是十分有用的。这也说明,仅仅学到一些知识是不够的,重要的是你怎样利用它们。

★　　　★　　　★

　　虽然现在我可以告诉你额叶和颞叶在处理记忆时的细微差别。但在 2004 年,我和安雅研究这个问题时,对它们之间的关系还不是

随意的世界

很清楚。以应用心理学组惯有的方式,我们在 fMRI 扫描仪中模拟了一个艺术画廊的场景来验证这个假设。当一组健康的受试者在接受扫描时,我们向他们展示了数百幅无名的画作,我们有理由相信,他们之前并没有见过它们(因此也不会记得这些画作)。在扫描过程中,我们不时向受试者发出一个信号,让他们努力记住下一幅画作,而其他时候则没有这样的信号或特殊指令。

我们的假设完全正确。受试者在没有明确指令的情况下观看艺术作品时,其颞叶的活动增强,额叶皮质的活动没有变化。他们能回忆起其中的一些画作,另一些则无法记起。当我们给出指令让受试者记住某幅特定的画作时,我们发现他们额叶的活动增强了,而颞叶的活动没有变化,正如我们所料。

更重要的是,扫描结束后,与其他作品相比,受试者能更好地记住这些特定的艺术作品。这一发现本身就很有意思,两年后我和安雅在《神经影像》(*Neuroimage*)期刊上发表这一研究成果时,它在额叶功能的学术领域中产生了一定程度的影响。但是,2004 年,当我坐在悉尼的沙滩上时,我就已经知道结果了。而想着凯文的情况,我开始明白这些结果还具有一种完全不同的意义。

我意识到,造成额叶脑区激活与否的两种情况的唯一不同之处在于每幅画作前面所给的指令,因此,我们观察到的脑活动必定反映受试者的意向(它基于记忆指令),而不是某些外界属性的改变。也就是说,那些被告知要记住(并且后来记得更好)的画作和那些没有被告知要记住的画作在物理属性上并没有差异。它们也并非更容易记。唯一不同在于受试者在看到这些画时所做的事(即努力记住它们),而这正是基于他们有意识的意向或意愿。

你可能认为我不老实,决定记或不记,是因为他们收到的指令不同。这没有错,但只是部分原因,关键因素不在于此。

还是回到艺术画廊,我要求你选择一幅特定的画作,任何一幅都可以,好好记住它。我已经给了你明确的指令,就像我和安雅在fMRI扫描仪上做的实验一样。但是,你会按我的指令做吗?你会非常努力找到一幅画并记住它吗?由于各种原因,你可能不会这么做。你可能迷失在美学的幻想中,等离开美术馆时也没有特别关注任何一件艺术品或你可能只是打定主意不理会我的要求。我给了你指令,你却选择无视。你即使已在参观前收到这一指令,还是很容易在画廊里走马观花,而不去努力记住任何一幅画作。关键是,你可以向扫描仪中的受试者发出指令,但他们是否执行取决于他们的意愿,他们有意识的意愿。他们可能会无意识地忘记遵循指令,但如果他们遵循了,那么这就是一种有意识的行为,一种意向,一种主观意愿的行为。就像决定不去理会另一半众多其他亲友的名字,而特别努力记住你岳母或婆婆的名字一样,这不是自然而然就会发生的事,你必须决定。

在考察额叶对记忆作用的研究中,我和安雅扫描了一批健康受试者。在悉尼的海滩上,我意识到,决定"记住"一幅画,而不是简单地"看它",是受试者有意识的明确证据。当时,我们对受试者是否有意识并不感兴趣;显然他们是有意识的,因为他们都是健康人。但是,我开始思考,如果我们在凯文身上看到同样的大脑反应,那将意味着什么。如果我们让他记住给他看的一系列画作中的几幅,而我们看到他仅对这几幅画作出现额叶的激活,那么这说明了什么?这难道不是他有意识的证据吗?除非凯文记得我们的指令,并有意识

随意的世界

地选择按照指令去做,否则为什么他的额叶仅仅对那些特定的画作产生激活响应呢?

我知道我已经在无意间找到了答案。我们得让一个植物状态的患者去对某个指令做出反应,而且这一反应需要其有意识地决定做,不是自动化的,他可以选择做或不做。如果他们做到了,我们就有了让怀疑者无法提出异议的证据。

我找到了一条通往灰色地带的路径,一条我们坚持不懈探寻了很久的通向难以捉摸的内心世界的道路,一条确定的途径:只要那个来自内部的信号出现,它便表示那是一个活生生会思考的人——一个能感知到其自己、这个世界和其目前处境的人。这蕴含的意义十分巨大。我们只需要给出患者可以做有意识决定的证据,便能证明其意识的存在。这是一切的关键。如果这个实验成功,当我们找到一个没有反应的患者,通过 fMRI 扫描检测出他能做出一个有意识的决定,那么我们就能毫不犹豫地确定,这个人是有意识的。一旦我们跨过了那扇门,接下来便充满了无限的可能性。我们通往那个地带的新钥匙能否让我们和这些人取得联系?让我们问问他们那边是什么样子的?他们能告诉我们他们想要什么?他们能告诉我们他们对自己的命运知道多少,他们是如何到达那边的?他们知道时间在流逝吗?他们有办法表达自己的好恶吗?告诉我们什么能让他们更舒服吗?甚至,他们能告诉我们他们的生存意愿吗?曾经,踏入灰色地带似乎是不可能的。现在,我们只需要做一个实验就可以到达那边,为接下来做什么开始准备了。

是时候回去了。

打网球，有人吗

我要让球拍替我说话。

——约翰·麦肯罗（John McEnroe）

我回到了剑桥。2004年6月，我乘火车穿过英伦海峡海底隧道去安特卫普，参加史蒂文·洛雷组织的意识科学研究协会第八届年会，并在会上发表演讲。

到达会场后，我来到安特卫普大学报告厅。这是一间斜顶的、没有窗户的讲堂，里面坐有数百名参会者。轮到我发言时，我做了一场30分钟的演讲，热情洋溢地描述了我们的三位关键患者，最后以凯文结束，因为从科学角度分析，他最能代表我们那时所处的阶段。凯文的案例是我们获得的第一个证据，证明一个完全没有反应的病人，其大脑能解码句子的意义。但是，这是否意味着凯文具有意识呢？我就这样把问题留给参会者。会场正是我提出这一问题的绝佳之地，台下有许多研究意识的哲学家、神经学家、麻醉师和其他临床医生，他们开始一致地关注起当意识出错时会发生什么，而不是围绕意识本身。"意识障

打网球,有人吗

碍"领域刚刚兴起,但这一领域的主要研究者——尼古拉斯·希夫、乔·吉亚奎洛,当然还有史蒂文本人——都在现场。

会后的餐会在安特卫普美丽的布兰泰瑟餐厅举行,我被大提琴独奏的优美旋律所吸引。当我们入座用餐时,大提琴手恰好坐在我旁边,她叫梅勒妮·博利(Melanie Boly),是比利时一名神经科实习医生。她给我留下深刻的印象:魅力四射,才华横溢,而且是到目前为止我所见过的语速最快的人。我们聊音乐,聊科学。她很想增加自己在心理学方面的专业知识,我们都认为剑桥对她来说是最好的选择。于是我们和史蒂文商量,安排她在明年的 5 月和 6 月以访问学者的身份到我实验室来工作。梅勒妮是帮我们一起推动这项科学向前发展的最佳人选,史蒂文欣然同意支付她旅英的花费。第二天早上,我怀着喜悦的心情登上了回英国的火车。我知道接下来我们要做什么,一切都开始走向正轨。

★　　　★　　　★

2005 年春暖花开的时候,梅勒妮和我开始思考如何将我们对额叶的了解,以及额叶在意向和意愿中的作用,转化为一种可行的方法,去识别那些身体上无反应的患者的意识。我有一个念头挥之不去,那就是我们得使用一个"主动任务",这个任务得让患者进行某种意向性的心理活动。我们坐在应用心理学组一张木头长椅上思来想去。草坪正中央有一棵低垂的桑树,刚好为我们遮挡住初夏的阳光。

梅勒妮和我必须想出一个思维任务,让受试者在半分钟内始终独立主动地投入其中。我们第一个想到的是儿歌。我们可不可以让患者在心中哼唱一首儿歌? 使他们的大脑出现一种稳定的激活模式。儿歌大家都耳熟能详,相对来说唱 30 秒还是比较容易的。

我们的第二个想法是让受试者想象他们所爱之人的脸。凯特的脑对她家人和朋友的照片产生了强烈的反应,因此我们不难延伸,单纯地想象所爱之人的脸可能会产生类似可靠的脑活动模式。

我们的第三个想法是让患者想象在一个熟悉的环境中走动,如自己的家。从一个地方走到另一个地方,甚至知道自己在任一时刻的确切位置,这是一项虽然复杂却毫不费力的任务。在大脑深处有一个状似海马的结构称为海马体,它有一种特化的神经元,称为位置细胞。1971 年,神经科学家约翰·奥基夫(John O'keefe)和他的同事首次在大鼠身上发现了这种细胞(奥基夫因这一发现而于 2014 年获得诺贝尔奖)。

奥基夫发现,大鼠脑中的位置细胞似乎知道自己在环境中的位置。他还发现,根据大鼠所去的地方不同,海马体不同部位的位置细胞会在不同时间放电,而这些放电神经元的网络便构成大鼠所处环境的心理地图。神奇的是,如果大鼠被移到另一个场所,相同的这批位置细胞会被激活,并根据新的区域组合成新的地图。这项研究成果很重要,一方面是首次发现像位置细胞这样的神经元;另一方面是它为后来证明海马体是大脑认知地图所在区的研究奠定了基础。这张地图的功能不仅在于让我们能在世界各地畅行,而且它还是某种框架,我们所有的记忆和经历都可以存储其中。

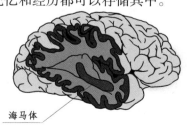

海马体

海马体的位置

第八章

打网球，有人吗

想想看你是如何在一个熟悉的环境中引导自己走到目的地的，如在家里，你是如何走到卧室的？你是怎样知道已经走进卧室？你可能认为，那是因为你认出了你期待看到的东西，如床、壁橱、梳妆台等，但事实不可能是这样的。否则，我们一生中大部分时间都会在瞎逛，要到达想去的地方只能靠运气。显然，我们并非如此。通常我们都是直接走到想去的地方，因为我们脑中有一份完备的心理地图，标识出我们在哪里，我们如何从当前的位置到达想去的地方。成功的导航需要我们的记忆和当前我们的准确定位之间展开紧密协作。

闭上眼睛，想象自己在家里走到卧室，你便会了解什么是心理地图。我们能做到这一点证明我们的脑中有一张清晰的空间地图。即使我们无法实际用眼睛看到它，我们还是可以根据它来导航。事实上，大多数人即使闭着眼睛也会毫不费力地在自己的房子里找到自己的卧室。可能会花些时间，但我们最终都会找到。海马体正是脑中负责这一功能的区域。它为你绘制周边的环境地图，让你知道身处何地。

实际情况还要复杂，尽管很重要，但海马体并不是形成我们思维地图的全部。在海马体附近有一块皮质区域称为海马旁回，当人们看到诸如风景、城市景观或房间等空间图片时，这块脑组织就会变得非常活跃。每当你想象在一个熟悉的环境中走动时，它一定会被激活。

现在梅勒妮和我想到了三个任务：在脑中唱歌、想象面孔以及空间导航。我们知道不是每个想法都行得通（这种可能性微乎其微），但我们希望其中有一两个就是我们正在寻找的——那种只需要给出最简单的指令，几乎每个人都可以"在他们脑中完成"的可靠任务。

梅勒妮找到十二名自愿的受试者，对他们进行了测试。结果喜忧参半。空间导航任务的效果很好——大家很容易想象自己在家中穿行的场景：fMRI的结果显示，除了一名受试者外，其他所有受试者的海马旁回都出现了激活。儿歌任务的扫描结果不一致：有些人脑区有激活；有些人则没有。而且，对脑区激活的人来说，他们激活的区域还在完全不同的位置。在要求受试者想象他们所爱之人的脸的扫描中，结果令人失望，不过原因与前者不同。尽管不同个体的脑激活区相当一致，但许多受试者都报告说任务太难了。并非他们难以想象出他们所爱之人的脸，而是他们没办法一直把这一图像保持在脑中，以便我们的扫描仪可以捕捉到相应的脑活动。

三个任务中只有一个可以用在病人身上是不够的。我们还需要其他的任务，对所有人始终都适用。我们回到我办公室，眺望着美丽的草坪，沉思着。梅勒妮说，她一直在查阅有关心理表象的科学文献，看起来复杂任务比简单任务更能让人维持一定时间的想象。我们需要的是一个复杂且容易想象的任务。突然我灵光一闪，就像梅勒妮最近回忆的那样，那时我是突然喊道："网球怎么样？"

我突然冒出这个想法或许是当时正值六月下旬，温布尔顿网球公开赛正如火如荼地进行着。每年夏天，在槌球草坪上品茶的间隙，应用心理学组的所有成员都会观看73英里外伦敦南部比赛的现场直播。又或许想到网球纯粹是运气。但是，那一刻是我研究生涯的关键时刻，一个转折点，一个改变一切的节点。经过近十年的思考，我们终于有机会打开像凯特、黛比和凯文等患者的心灵之门。

想到要让植物人在扫描仪中想象打网球，梅勒妮和我就笑了。即使按应用心理学组不按常理出牌的行事风格来看，这也是一个荒

打网球,有人吗

谬的想法。然而,我们立刻开始着手设计这项实验的细节。它超级简单,每个人都知道如何打网球。我的意思是,并非每个人都知道如何打网球,但是每个人都知道打网球的基本操作:站在球场,手拿球拍,抬手挥向空中,试图击球。约翰·麦肯罗[1]可能不会原谅我对打网球的这番描述,但这基本上就是打网球的核心动作:抬手挥向空中。这正是我们所需要的———一个容易传达的指令("想象打网球"),而接受指令者则能够想象出类似却复杂的一系列动作。

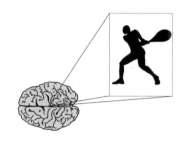

大脑里打网球

这招真管用。在接下来的三周里,梅勒妮又对另外 12 名志愿参加的受试者进行了扫描,让他们想象打网球,结果可靠且稳定。每位受试者位于大脑顶部的前运动皮层都被激活,没有一个例外,所有人都一样。

哪怕我们让 12 名健康受试者都举起右臂,也不可能期望得到比这更可靠的脑激活。事实上,我在演讲时已多次让我的听众这样做,因为有些人左右不分,所以它的结果不是一致的。想想看———想象打网球比让你举起右臂还更可靠地让你某一块脑区被激活。原因为何? 难道我们脑中有一个区域专门用于想象打网球吗?

---

① 约翰·麦肯罗是美国网球名将。(译者注)

答案是否定的,但这一任务如此有效确实与网球运动有很大关系。我们可以要求受试者想象其他需要抬手挥向空中的任务。例如,手拿两根指挥棒,引导飞机停到停机位。照理说这也能起到同样的效果,但我怀疑这场景没有像打网球那样普遍被人所熟知。

另一项运动怎样呢? 足球比网球还要风靡,被更多的人熟悉。问题是,有太多不同的方式去想象踢足球。我是前锋(在球场上快速运球、射门)、后卫(滑、铲、抢、截对方球员脚下的足球)还是守门员(阻挡迎面而来的进攻)? 所有这些想象的动作都会产生不同的脑激活模式。

网球有一个根本性区别。虽然和足球一样,打网球也包含很多不同的动作(发球、截击、扣杀等),但这些动作都有一个共同点,就是猛烈挥动你的手臂。正是这一共同点让想象打网球的任务如此完美——所有人想象的动作具有一致性,而且网球也是大家所熟知的。此外,想象打网球还有一个额外的优点——一旦开始想象,要持续想30秒并非难事,而这正是我们获得一个完整扫描所需要的时间。我问过第一个受试者在扫描仪中想象打网球的感受,他不假思索地回答:"感觉很棒——我以三比二赢了!"

要完成这一任务,需要对网球有一点了解。如果从来没听说过这项运动,那么"想象打网球"的指令是毫无意义的,大脑也不会产生明显的激活现象。但是,你也不一定要打得一手好球才能顺利完成任务。我们对非网球运动员、新手和半职业选手都进行了扫描,几乎无一例外地,他们的前运动皮层都出现激活现象。

★　　　　★　　　　★

万事俱备。我们已经找到了两项最可靠的 fMRI 想象任务:一项是

打网球，有人吗

想象打网球；另一项是想象在自己家中从一个房间走到另一个房间。根据 fMRI 的扫描结果，想象打网球与前运动皮层的激活相关；想象在家中走动则会使完全不同的脑区——海马旁回产生激活现象。

要理解接下来的工作，你必须对前运动皮层有一些认识，包括它在脑中的位置及它的功能。将手放在头顶上，前运动皮层就在这里。它是运动皮层前部的一条区域，当你要做动作时，它会负责制订行动计划，并付诸实施。试想当你走近一扇门，试图伸手转动把手打开它时会发生什么。在这个简单的动作中，你不见得意识到动作的执行，是你的脑协调了一系列的运动程序。当靠近门时，你会在适当的时候伸出手臂，使你的手刚好握住门把手，你会将手指收拢成合适的形状去抓住门把手（如果是横杆式把手，你手部的动作又会完全不同）。接着，你会同时完成"扭"和"推"的动作，并辅以适当的力量将门打开——力气太小，门打不开；力气太大，则可能一头冲进房间。

这些都是流畅的自动化操作，就像前运动皮层每天所制订并执行的成千上万个类似的动作一样。由于前运动皮层帮助我们建立这些动作序列，所以不管我们是否按序列付诸行动，或只是想象这些动作，它都会被激活。例如，在面前的桌子上放一只咖啡杯，感受一下准备拿起这只咖啡杯的感觉。现在闭上眼睛，想象将它拿起。你会发现两种感觉很相似，因为计划一个行动和想象一个行动的感觉是很相似的，而前运动皮层对两者都会做出反应。

★　　　★　　　★

我们准备找一位像凯特那样的患者，并在其身上测试我们新的 fMRI 任务。经过多年的准备，终于有可能做这件事，着实令人兴奋，同时又有不知要等多久才能找到合适人选的不确定性,真让人着迷。

接下来发生的事可以说是科学界的童话故事。卡罗尔是一位23岁的已婚妇女,她的医生把她介绍给我们,当时她在剑桥附近一个小镇上的康复医院中。2005年7月,卡罗尔在穿过一条繁忙的马路时被两辆车撞倒。她受了脑外伤,被送往附近的医院。CT扫描显示,她的脑部肿胀,额叶大面积受损。她的下肢还有多处骨折。她需要紧急护理,并进行双侧额叶去骨瓣减压术。在这项根治性外科手术中,她的部分颅骨被切除,以让她肿胀的脑部自由扩张,而不会被颅骨内壁挤压。被切除的那部分头骨称为骨瓣,它通常被保存下来,如果患者恢复得足够好,脑部肿胀消失,它就可以通过颅骨成形术重新接合回去。2005年9月,卡罗尔的病情稳定下来,她被转到离家更近的一家康复医院。

当我第一次见到卡罗尔时,我被她的状况吓了一跳。与脑外伤的受害者见面永远不是一件轻松的事。卡罗尔的事故刚发生不久,所以她看起来特别吓人。去骨瓣减压术虽然可以挽救生命,但对患者的容貌影响也是相当惊人的。像卡罗尔这样的患者,其脑袋看起来好像陷进去了一块;这块凹陷的部位有一层薄薄的皮肤覆盖在大脑表面。我带学生去见脑外伤患者前,都预先要他们做好心理准备,不过我猜想许多人从未完全从这一幕中恢复过来。我为卡罗尔感到万分难过。不管发生什么,即使她完全康复,她的生活也不会和以前一样。在一个致命的瞬间,两辆车和一个闪神重新定义了她的余生。她的模样赫然警醒我们,生命是多么脆弱,人生是多么轻易被颠覆。

卡罗尔在医院的病床上躺了几个月,没有任何反应,也没有表现出任何内在意识的迹象。与我们现在经常见到的患者相比,她并没有什么独特之处。经过资深神经科医师的反复检查,她被诊断为植

打网球,有人吗

物人。我们选择她,并无特殊原因,只是在符合进行 fMRI 扫描所有条件的患者名单中,她是第一位。

我们做的事开始获得了一些认可——围绕凯特案例的宣传已经引起英国各界的瞩目,我们发表的描述凯特、黛比和凯文的科学论文也吸引了其他几家医院的关注。这些医院会定期转介一些患者到我们这里,有时一个月有一两位患者。救护车把他们送来剑桥,由我们团队对他们进行扫描。我们终于要做一些跟之前完全不同的事了。我们打算让卡罗尔做点什么。这需要我们给她指令——告诉她我们希望她做什么,什么时候做。在此之前,我们只是单方面对患者做一些事,如给他们呈现面孔,给他们播放单词或完整的句子。他们所要做的仅仅是躺在那里并(我们希望如此)理解我们想要传达的信息。但是,现在我们想让卡罗尔按照指令行事,在遵从我们指令的过程中激活她大脑的特定区域。

我们让卡罗尔想象打网球;我们让她想象前后挥动手臂,这里来一个截击,那里来一个低射,也许偶尔来一次扣杀。每项指令我们都重复了五次。我们希望她想象她正用全部生命在打网球,就好像她正在温布尔顿的中央球场上进行决赛,双方只要谁先攻下一分,即可获胜。

当指令最后一次通过对讲机传达给她时,控制室里的气氛紧张起来。这有意义吗? 在某种程度上,这感觉完全是疯狂之举。我们在让一个植物人想象她在打网球。但是,在扫描仪中,发生了惊人的事。每当我们让卡罗尔想象打网球时,她的前运动皮层就会被激活,就跟健康的受试者一样。当我们让她停止想象——只需要放松并"放空思绪"时,前运动皮层的活动就随之消失。简直难以置信。

接着,我们让卡罗尔想象自己在家里走动。同样地,我们也让她做了五次。我们要她回到事故发生前她每天生活的地方，让她想象一下房子的布局，并走过里面每一间房间，审视里面每一件家具、每一张照片、每一扇门和每一面墙。

我们知道我们的要求很多，但卡罗尔显然能胜任这项工作。当我们让她从一个房间走到另一个房间时，她的脑激活模式与健康受试者一模一样。当我们请她放空时，她马上就照做了。这让我想起了电视剧中的对白，医生问患者："如果你能听到我说话，就捏一下我的手。"但我们并没有让卡罗尔来捏我们的手，我们要她激活大脑。而她做到了。我脑海中回响起凯特的话："脑扫描不要停。这就像魔术一样，它找到了我。"这一次，确实像魔术，我们找到了卡罗尔。原来她根本不是植物人，她在回应我们，对我们的要求有求必应。

我欣喜若狂。卡罗尔是有意识的，我们发现了它。

多年来，我们不断地试验、提炼、改进和苦思，不断地深挖和抽丝剥茧，希望答案就在下一个转角。如今，这激动人心的突破性时刻终于出现了。我们来到了那个转角。我们挖到了宝藏。

你也许会感到奇怪，但我们当时并没有冒进，成天去扫描卡罗尔，借以探究她内心世界的模样，或改善她的生活质量。很遗憾地告诉你，科学不是这样运作的。我们推动科学向前发展只有一种方法，那就是遵守我们事先与伦理委员会制定的缜密方案。而且，当卡罗尔的经历最终发表在科学杂志上时，这一方案还将受到更为广泛的科学界人士的审查和认可。在卡罗尔的方案中，我们设定的目标是检测意识，而非随意地拉她来闲聊。为了达到这一目标，推动这个领域向前发展，我们已经投入了大量的资金和精力，如果愿意，可以称

打网球,有人吗

它们为科学资本。这是一段漫长的旅程,卡罗尔和我们早期研究的其他患者是这段旅程的第一批先驱者,他们让我们了解和处于他们这种情况下的人沟通的可能性,更不用说他们还让我们对意识的本质有了新的体悟。

★　　　★　　　★

具有讽刺意味的是,从来没有人明确地告诉卡罗尔的家人,我们在她身上发现了意识。尽管我们想要告诉他们,但我们之前的方案中没有提到这一点。当我们向伦理委员会申请做这项研究时,我们并未料到有机会找到一个有意识的人,更没有考虑到如果找到了该怎么做。哪怕是对方案做微小的改动,如对患者进行扫描的次数,也都需要事先得到伦理委员会的批准。现在已远远不是改变方案,而是一个全新的现实。尽管对当时的我来说,不能告知他们很让人沮丧。但是,科学研究的核心原则是每项研究都要事先接受公正的伦理委员会的审查,其立意是好的。如果我们告诉卡罗尔的母亲,她的女儿意识非常清醒,只是因身体原因而无法表达出来。那么,她的母亲会不会因伤心欲绝而结束自己的生命呢? 这个消息一定让卡罗尔的丈夫愤恨难平,可能跑去杀了五个月前撞倒卡罗尔的汽车司机。当然,这仅仅是假设,不太可能发生,但是如果真的发生了,谁该为此负责呢? 可能的情况是,她的家人会改变对卡罗尔的态度,我们也得考虑这种改变可能会导致的后果。他们能理解有意识并不一定意味着她有康复的可能性吗? 我们会给他们错误的希望吗? 他们能否明白,尽管我们跟卡罗尔联系上了,并确定她是有意识的,但目前我们能做的只有这些。我们没有治愈之法,解决之策,也无法和卡罗尔正常地沟通。我们尚未考虑这些问题,因为我们没有料到会在一个完全没有反应的患者身上能发现意识的踪迹。

　　话又说回来,是否告知卡罗尔的家人也不是我能决定的。我只是一个提出科学问题,然后拟订方案去回答问题的科学家而已。伦理委员会通过的方案允许我们进行扫描,但其中并未提到如果发现像卡罗尔这样的患者,要告诉家人哪些事宜。卡罗尔将来的护理是临床问题,我无权干涉。即使要告诉其家人卡罗尔的情况,也必须由她的主治医生来说。卡罗尔的主治医生认为,告诉她家人并不能为卡罗尔带来任何临床上的好处。我猜,他觉得,如果知道卡罗尔有清醒的意识和觉知,却没有办法表达出来,这些给家人带来的心理负担比不知情或认为卡罗尔根本没有内在意识还更沉重。或者,也许他觉得,像卡罗尔这样的案例所引发的一系列棘手的伦理问题并不值得花时间去解决——相比起来,确保她的健康状况保持稳定更为紧迫。我不敢苟同。我还记得凯特和黛比,她们的家人在得知她们的扫描结果是阳性后,她们的病情都有所改善。这让我不禁去想,同样的情况会不会也发生在卡罗尔和她的家人身上呢?但是,这些例子仍无法说服她的主治医生。真令人心碎。

　　卡罗尔激发了我的兴趣,我关注起对这类独特群体进行科学研究时所碰到的复杂伦理和法律问题。我决定与了解这些问题复杂性的哲学家和伦理学家一起探讨,以便解决在其案例中出现的问题。希望通过我的努力,能确保这种情况不再发生。卡罗尔回到她的家乡,我再也没有见过她。也没有必要再见她——我们是找到了她,但

打网球,有人吗

那时我们无法再为她做些什么。2011 年,她因伤患引发并发症而去世。这个消息我还是从她的主治医生口中得知的。

2006 年 9 月,《科学》(*Science*)期刊以一页的篇幅刊登了我们的研究结果。"植物患者竟然神志清醒,只是被禁锢在她的身体里",这样的发现在媒体界掀起了一阵风暴。但是,我们没有将卡罗尔的名字曝光,她仍然是一位无名英雄。这也激起了人们的好奇和质疑。但是,我们确实与一个有思维的人取得了联系,这个人可以想象打网球和在她家里走动。我确信卡罗尔能想象且有记忆,我敢肯定她还怀抱希望和梦想。

论文发表当天,英国三家主要电视台都来到应用心理学组采访,所有频道的晚间新闻都播放了对我们的采访。我们登上了英国的各大报纸和包括《纽约时报》(*New York Times*)在内的数百家外国刊物的头版。医学研究委员会在伦敦总部给我派了一位媒体公关,负责接听电话,帮我筛选哪些需要回复。这种场面一直持续了好几个星期。CNN 的安德森·库珀(Anderson Cooper)刚结束非洲的采访,在回国途中他特地过来采访我,跟我做了一期《60 分钟》(*60 Minutes*)的特别节目。他想要接受扫描,于是我们为他安排了扫描。我让他在扫描仪中想象打网球的情景,就跟卡罗尔的结果一样,他的前运动皮层在执行指令的同时活跃了起来。就这样,在几个月中,我几乎唯一在做的,就是对着电话或摄像机讲话。

与媒体的关注相比,还有更深层次的,让我更为激动,更有科研的满足感,是关于我们找到的那个人。卡罗尔一直愿意敞开怀抱与外面的世界接触,即使她出了那样的事故,处于那样一种让人难以置信的躯体残缺的状态。在缺损的身体内,她意识清醒,想要与外界取得联系,想要交流,想要说:"我在这里,我还活着,我还是我。"

卡罗尔的意识只能无望地受制于她毫无反应的身体,但她还在——她的个性、态度、信仰、道德观、记忆、希望与恐惧、梦想与情感全都存在。也许最让人感动的是,她有着回应外界,与外界接触,并被倾听的意愿。卡罗尔向我们伸出了求援之手,而我们也找到了她。

★　　　★　　　★

在接下来的几个月里,电子邮件如潮水般涌来,有的来自同业人员,有的来自感兴趣的读者,也有的来自完全不认识的陌生人。信中的内容为:"这真是太神奇了!""你怎么能如此肯定这个女人有意识呢?"

这样的质疑让我感到困扰,同时又很好奇。我知道我们向卡罗尔的内在意识发出了清晰的信号:"你在吗?"而且,我们也收到了清楚响亮的回音:"在,我在这里。"我十分确信卡罗尔是有意识的——有思想,有感情,只是被困在一具无用的身体里。虽然有人对此提出异议,但的确有这样的人。

反对的主要论点很简单:卡罗尔处于植物状态,完全感觉不到任何事,由于某种原因,我们让她"想象打网球"的指令触发了她前运动皮层的一种自动化反应,我们误以为这是她有意识并愿意听从我们指令的信号。

其实不难理解为什么有些人更喜欢这种解释,而不是我们的观点——一个被大家都认定为植物人的患者实际上是有意识的,只是

打网球,有人吗

被困在她的身体里,这样的想法太可怕了,可怕到完全超出了许多人的理解范围,他们的内心无法接受这种可能性。然而,这就是我们所发现的事实,不管你喜不喜欢,我们都必须捍卫这一观点。突然间,我们知道了别人不知道的事,我感到一种强烈的使命感,将它昭告天下:并非所有这类患者都像他们看起来的那样。至少他们中的某些人是有思想、有感情的人。

我清楚地意识到一个严峻的现实,这是成千上万个像莫琳、凯特和卡罗尔这样的患者和他们的家庭所面临的现实:多年来,这些患者中有许多人被"束之高阁"——这是一个让人扼腕的说法,往往用于说明他们被长期安置在一个地方,没有任何专业人员去仔细评估他们的意识状态,而现在我们知道,这些患者中有的可能一直都是完全清醒的。这种想法仍然让我感到非常不舒服,我想对你们中的许多人来说也是如此。我必须做点什么,不只是为了莫琳或我们扫描过的任何一个患者,而是为了成千上万无法通过影像扫描让自己对外发声的人。

★　　　★　　　★

媒体对我们成功与卡罗尔沟通的密集关注逐渐变为平静,我便集中精力为我们的科学发现进行辩护。质疑者所持观点的主要问题在于,没有任何证据能证明他们的理论可以在人身上实现。从未有研究表明,无意识的大脑能根据提示对特定的命令产生自动化反应。大脑确实在不断进行自动化加工。当你听到鸟儿唱歌的声音时,不管你愿不愿意,你的听觉皮层都会活跃起来;黑夜中的一束亮光在你尚未觉察之前就会激活你的视觉皮层;人群中一个朋友的面孔会引起你梭状回的自发性活动,让你在人群中将其辨认出来。但是,卡罗尔的脑响应与这些情况完全不同。当我们听到"想象打网球"这几个字时,我们的前运动皮层不会自动激活,即它只有在我们想要它激活的时候才会激活。

为了证明这一点,我们进行了另一项实验——这可能是我做过的最疯狂的实验,但完全符合应用心理学组风格。我们召集了6名健康的受试者进行扫描,告诉他们:"我们会让你们想象一些东西。但是,请不用理会我们的要求。"然后,我们就完全按照在卡罗尔身上采用的方案扫描这些受试者。受试者听到"想象打网球"的指令后,我们等着看会发生什么反应。结果没有一个人的前运动皮层被激活。尽管六个人被明确告知想象打网球——就像我们告诉卡罗尔的那样——但他们没有想象,因为他们之前已被告知不要按我们的指令行事。

这是确凿的证据,证明"想象打网球"的指令不足以激发大脑的自动化反应,更不用说会激活我们预想中的前运动皮层。卡罗尔的大脑之所以会出现那样的反应,是因为她想那样。她做出那样的反应是因为她有意识。

我为我们疯狂的小实验感到自豪,尽管我们还可以列举质疑者论点站不住脚的很多理由。首先,卡罗尔的反应最令人称道之处,在于她能坚持30秒,这是我们进行一次良好扫描所需的时间。当卡罗尔听到"想象打网球"的指令时,尽管没有得到任何其他指示或鼓励,她还是激活了前运动皮层,并保持了整整30秒。在我们已知的所有"自动化"脑反应中(如对画面和声音的反应),没有一种反应可以在没有额外刺激的情况下持续发生。当你听到一声枪响,你的听

打网球，有人吗

觉皮层会立即做出反应。但是，等到 30 秒后再去探测，这一反应早已消失无踪。然而，由于卡罗尔的反应反映的是她自己的心理表象，我们还知道人们可以在想象中连续打 30 秒或更长时间的网球而不间断，所以卡罗尔是能够产生持续性反应的，而这一反应只有在她有意识的情况下才会发生。

另外一个反驳质疑者的论据为：患者在严重脑损伤后，医生要求他们动一下手或手指头，而他们随之做出相应的动作，医生便会判定他们是有意识的。同样道理，如果我们要求患者通过想象挥动手臂来激活前运动皮层，而他们随之产生了相应的脑反应，难道我们不应该对这一反应一视同仁吗？

质疑者可能会争辩说，脑反应在某种程度上不像肢体反应那样具体、可靠、实时。但是，就像躯体反应一样，这一争议可以通过仔细的测量、重复和客观验证来消除。例如，如果一个被认为没有意识的人只有一次遵照指令抬起了手，那么大家还是会对其意识的存在表示怀疑。这个动作可能是偶然发生的，刚好和指令一致而已。如果这个人在十个不同的时刻都能按指令重复做出这一反应，那么毫无疑问该患者是有意识的。同样道理，如果患者能遵照指令（让其想象打网球）激活其前运动皮层，并且在十次试验中都能做到这一点，难道还不能说服大家这位患者是有意识的吗？

幸运的是，卡罗尔脑的激活并不是一次性的。在扫描时，我们下达了多次指令，每当被要求想象打网球时，她的前运动皮层都会被激活；每当被要求想象在自己家里走动时，她的海马旁回也都会被激活。所以，我们的观点是卡罗尔是有意识的。

　　卡罗尔彻底颠覆了大众对灰色地带植物人的看法,对全世界的医生提出了一个新的重大挑战。世界各地的医学博士开始重新思考他们所照顾的患者。他们做出了正确的诊断吗?是否有可能某个患者还是有意识的,就像卡罗尔那样,尽管看上去并非如此。一些问题也在很多意想不到的地方衍生出来。这对医疗保险有什么影响?如何为这种情况投保?相关法律是否要重新考量对这类患者撤除生命维持治疗的判定?如果安东尼·布兰德,那个在足球场踩踏事件中受伤的英国人能够想象打网球,他会不会现在还活着呢?特丽·夏沃呢?

　　卡罗尔的案例已经明确表明,一些看似植物人的患者可能完全感知到周围的世界,并会根据指令做出一系列反应。这是另一种灰色地带的状态吗?也许是,也许不是。这些人是否在他们被困的生活中度过了一段完全没有意识的时期,而在另一段时间里,他们又清楚地意识到周围发生的一切?我们不知道,但我们开始关注认知的构建模块,这是一种临界的闪烁而微弱的神经元连接,在一些患者的脑中似乎不时地在放电,试图重新点燃,或许这是在垂死的脑中坚持不懈地铺设新的神经元连接通路。

　　我一直和莫琳的哥哥菲尔保持着联系,这些年来我们又一起参加了几场乐队演出。我们每次见面,他都告诉我说莫琳的病情没有起色。他的父母,伊萨和菲利普,正努力适应着每一天。

　　2007年,菲尔和我去看水童合唱团在剑桥的玉米交易所举办的

打网球,有人吗

演唱会。演唱会引起了我甜蜜而痛苦的回忆。给乐队带来第一次巨大知名度的专辑"渔夫的蓝调"(*Fisherman's Blues*)发行的那一年,我和莫琳坠入爱河,这首歌承载了我们所有澎湃的激情和挣扎。

莫琳的父亲菲利普写信给我。他在信中说,莫琳的医生同意让她参加一个镇静剂唑吡坦(又名安必恩)的试验,这种药物主要用于治疗失眠。2000年,《南非医学期刊》(*South African Medical Journal*)的一篇案例报道称,一名年轻男子在服用唑吡坦后30分钟内醒了过来,此前他已处于植物状态3年之久。菲利普曾在莫琳身上试过这种药,她的医生确信她的反应不错,他在信中这样写道:"医生认为她的面部表情现在不那么紧张了,神志看上去也更清醒了。"

菲利普没有那么乐观,说:"我一直没能说服他(莫琳的医生),他所观察到的手部运动和捏手或手指的动作是我们没给莫琳任何要求的情况下做的。"

我记得莫琳的父亲是科学家,我暗暗相信他的判断。莫琳的医生在她身边的时间很短,而菲利普有更多机会通过每天的观察搜集到可靠的数据。

我请菲利普把莫琳服用唑吡坦前后的录像发给我。我邮箱里很快就收到了两卷录像带。这是一项科学试验——不是实验室里的科学,而是现实世界中的科学。我把第一卷带子塞进录像机。莫琳出现了,正是那个我认识并爱过的女人。她父母的所有悉心照料,正如菲尔告诉我的那样,包括每天的按摩和精心的打扮,全都记录在案。她没有痉挛,容貌也没有一丝改变。她看上去完美无缺,一点没变,栗色的头发比我记忆中的要短,轻轻散落在枕头上,曾经笑靥如花或执着坚定的可爱脸庞,如今平静而漠然。

我从头到尾仔细地看了两盘录像带,后又看了一遍。我把它们的顺序打乱,试图把它们区分开,但不能。尽管我迫切希望看到这种药物对莫琳的功效,但毫无迹象。至少,在我舒适的客厅里进行的这项精心控制的"盲法"研究中没有看到。

我给菲利普和莫琳的医生发了电子邮件,说:"我花很长时间仔细看了这些视频,并将你们对莫琳状况的详细描述通读了一遍。我认为结果一点都不乐观。我和其他临床医生一直有通信联系,他们也在不同病人身上尝试过唑吡坦,但结果都令人失望。他们观察到的反应大多十分轻微而短暂,而且这些试验通常会导致家属给患者更多的鼓励和刺激,因此在有些案例中,很难将药物的效应从这些可能的影响中分离出来。"

莫琳出事差不多十年了,我想我这封邮件的表达应是非常恰当的。毕竟,南非的那个案例促成了无数个唑吡坦的临床试验,但没有一个在植物人身上得到稳定的结果。我的朋友及同事,比利时列日大学的史蒂文·洛雷最近进行了一项全面的研究,结果在接受这种药物测试的 60 名意识障碍患者中,所有患者的情况都没有改善。

当我再次见到菲尔时,他提起我因发表了网球实验和卡罗尔的结果而接受 BBC 媒体采访的事,说:"这一定让你很伤脑筋吧!"

我告诉他,我已经慢慢习惯了媒体的关注,而且我觉得这对唤起大众对莫琳等患者的认识很重要。他对我的这番心意表示感谢,然后告别。但是,这段简短的对话一直在我脑海中徘徊。我探索灰色地带,是为了莫琳吗?还是想要寻求一点宽恕和慰藉?是不是我们之间一直未解的问题驱使我不断探索?

第九章

是 和 否

整片苍穹就像一口丧钟，

而人，只能默默聆听，

于是我，以及寂静，成了奇异的共同体，

疲惫不堪地，离群索居地，困于此地。

——艾米莉·迪金森（Emily Dickinson）

我们在尽可能多的患者身上进行了网球实验，以进一步确认其可靠性，并对其进行改进。到 2010 年时，我们和洛雷合作，一共扫描了五十四名患者，让他们完成网球和空间导航任务。我们投入了大量研究经费，花了数周乃至数月的时间来招募、评估、重复和验证，不管从哪个角度分析，成功扫描五十四名患者都是一项惊人的成果。在这些患者中，二十三人经神经病学检测后被多次诊断为植物人。通过 fMRI 扫描，我们发现这二十三人中有四人（17%）产生了明确的反应。

这段始于十多年前凯特的漫长旅途，终于还以清白。正如我早就存疑的，这些患者中有的是存在意识的，还不只是晚上入睡都要经历的那种迷迷糊糊、半梦半醒的意识。他们的意识清晰到能听清一组指令，并按照指令主动地、相当精细地完成整整三十秒钟的想象活动。随之产生的一系列脑反应被新一代强大的 fMRI 扫描仪所检测到。他们就像你我一样活着，他们在看，在听，醒着并知晓。不过，和你我不一样的是，他们被困住了，困于生命的灰色地带，迷失于自己的内心世界。他们无法冲破桎梏，除非，他们是接受我们扫描的少数幸运者之一。

我不由得开始关注那些不那么幸运的人。他们有多少人？其真实数据让人不寒而栗。由于护理院的记录不完整，我们难以知道植物状态患者的确切数据。在美国，这一数据估计在 15 000—40 000。按照我们的研究结果，全美可能有多达七千名患者实际上是完全知晓他们周围发生的一切的。

对我们的研究结果有很多质疑之声。尽管处于植物状态的患者中有 17%的人在扫描中产生了反应，但在三十一名最小意识状态的患者中，只有一名（3%）产生了同样的反应。按理说，最小意识状态的患者，其脑部受损的程度应该比植物状态患者轻。为什么他们在扫描仪中产生反应的概率会更小呢？这说不通啊，他们应该更能有反应才对。

六年后，我们知道了这个问题的答案，但在当时，确实令人费解。后来我们发现，大多数最小意识状态的患者正如其名——只有最小的意识。我们往往说不清"最小意识"这个术语的确切含义——科学家对意识是什么都难以达成共识，更不用说定义"最小意识"。我们这样解释：最小意识意味着有时候在那里，有时候不在那里，有时候

是和否

又卡在两种状态之间。不管处于哪种状态,最好的情况是他们只能发出一些微弱的信号——也许是动动手指——表明人还是在的;最坏的情况是,连动动手指那样微小的动作都做不了。由此看来,在处于最小意识状态的患者中,很少人有能力在 fMRI 扫描仪里遵照一组指令,完成想象打网球所需要的一系列复杂心理操作。他们哪里能做得到呢? 大多数时候,他们都不能可靠地挪动手指,那他们凭什么能想象打网球呢? 对十九名同样无法想象打网球的植物人来说,情况类似,只是更糟一些。他们无知无觉地躺着——在他们自己都不知道的某个灰色地带的遥远、幽暗的角落里。他们甚至都没有思维,他们当然不能想象打网球啊!

那四名神奇的患者是怎么回事呢? 他们看似植物人,却能在扫描仪里完成那些非凡的心理任务,这是怎么回事呢? 他们是不同的,很特别的。事实上,他们根本就不是植物人,他们甚至都不是最小意识。他们处于某种状态——灰色地带的某个地方——迄今为止,我们尚未起名①。在灰色地带的那个地方,你可以是完全清醒、全然知晓的,但身体却无法做出任何反应——不能眨眼,不能抬眉,不能抽动肌肉。所以,我一点也不奇怪这四名患者能想象打网球,就跟我并不奇怪你我也能想象打网球一样。

我们的发现引出了一个更有意思的可能性,这一可能性已经开始让我兴奋不已。计算机技术的最新进展已经使扫描仪能找到禁锢在毫无反应的躯体中的生命,而设计出一个真正的脑机接口的可能性也已出现——这是一种机器,能在灰色地带和外部世界之间搭建

---

① 目前这种状态称为完全闭锁综合征。(译者注)

起一座桥梁。让患者用想象打网球来做出反应是一回事,但是我们有办法用这些不可思议的新工具来和他们交流吗?

以色列前总理阿里尔·沙龙

与马丁·蒙蒂(Martin Monti)一起——他是我应用心理学组的一名阳光自信的博士后,我们想出了一个使双向沟通成为可能的办法。像往常一样,我们开始在健康受试者身上尝试一系列奇怪的实验——这次的受试者是我本人。马丁是在意大利长大的犹太人,后来又到美国读书。几年后,这些不同身份的特殊组合就派上了用场。当时,我受托为一桩富有政治色彩的案例提供咨询,当事人是以色列总理阿里尔·沙龙(Ariel Sharon),于 2006 年中风,直到 2014 年去世,八年时间里一直依赖生命维持系统存活。

在沙龙完全丧失行动能力时,他的一位幕僚通过一位以色列同事与我取得了联系,请我去以色列为他进行扫描,看看在他毫无反应的外表下,是否还有清醒的意识,我很乐意去。但是,我尽了最大的努力,还是没有办法说服团队里任何一名成员与我一同前往。

"为什么沙龙比离我们更近的自己的患者更值得我们付出时间和心力呢?"他们提出质疑。我理解他们。沙龙比我们每天经手的患者唯一的特别之处在于他很有名,是以色列前总理。难道这就让他的生命比其他人更有价值? 难道他的情况比其他人更为重要? 去以色列会占用我们很多的时间和资源,这样的投入是否会比把资源花在本国患者身上更有价值呢? 但是,我认为我们需要考虑的还不仅于此。

"给名人做评估可以提高实验室的知名度,还能让更多人关注这类患者群体以及他们所面临的困境。"我说。我人生中很重要的一块工作就是向媒体介绍意识障碍患者,我也迫切地想让我的学生和博士后明白与媒体保持良好关系的重要性。

"这在一个战犯身上并不适用。"有人如此回应。

我在谷歌搜索了阿里尔·沙龙。大量的文章确实都这么说,但也有大量文章提出相反的观点。不过,我不想让政治议题分化我的实验团队。

我联系了马丁,那时他已在加州大学洛杉矶分校(UCLA)的心理系担任助理教授。2012 年,他去以色列对沙龙进行扫描。他让沙龙完成了想象打网球和想象在家中房间里走动的任务,然后将结果反馈给我。他说,沙龙的脑扫描只显示出一些基础响应——没出现高水平的反应。马丁当时对媒体说:"外界的信息已经传输到了沙龙先生脑部的适当部位。然而,证据还不能明确表明沙龙先生是有意识地觉知到了这一信息。"

说实话,我们无法下定论。马丁说:"他可能处于最小意识状态,但影像结果比较弱,我们需要谨慎解读。"沙龙就像我们这些年见过的很多患者——有迹象显示他对刺激产生了一些反应,但没有明确的证据表明他有意识,就跟凯文、黛比、凯特一样。不过跟他们不一样的是,当我们扫描凯文、黛比、凯特时,我们还不知道如何可靠地检测可能存在的意识。我们只能根据看到的他们对单词、句子和面孔的基本反应,试着来判断这是否可能反映隐藏的意识。在沙龙的案例中,马丁则给他做了具有决定性意义的检测——也就是我们所知的可以在一个完全没有反应的身体中检测出残留意识的检测。检测结果是阴性的。沙龙不能想象打网球——至少不能让马丁得出他有意识的明确结论。"对这些结果……我们需要谨慎解读。"已数不清有多少次我不得不对主治医生或心烦意乱的家属这样交代。

沙龙的案例带来了许多棘手的难题。例如,在他丧失行动能力期间,曾经因为肾脏感染做了一次手术。有人对此表示反对,认为不应该为一个有严重意识障碍的人太过浪费医疗资源。

犹太教主张,所有人的生命都是神圣的,必须不惜一切代价加以保护。拉比①杰克·阿布拉莫维茨(Jack Abramowitz)2014年曾写过一篇博客论述这一主题,文中写道:"如果一个人在赎罪日斋戒时快饿死了的话,那么他不仅可以吃东西,还必须这样做。同样,在生死攸关的紧要关头,就算当天是众人休息的安息日,我们也必须违背礼俗,打电话叫救护车或将伤者送去医院。"

由此,我们可以做出一个有趣的推断,即犹太教没有"生活质量"的概念。一个健康的人并不比一个最小意识状态的患者更有资格接受肾脏手术。这是一个有趣的观点,我不是太喜欢。有些决定的确比较艰难。例如,一个是患有癌症的青少年;另一个是头部严重受损的年轻商人,而且他的公司正在开发一种新的节能灯泡。那么,两者谁更值得治疗(假设此时只能选择其中一人)?很难抉择。这些争论一直让很多哲学系研究生夜不能寐。但是,换成一种极端的情况,在我看来就要简单得多。一个罹患癌症的青少年与一个85岁肾功能衰竭的最小意识状态的患者相比,对我来说并不是一个困难的决定。

---

① 拉比是对犹太教教士的称谓。(译者注)

是和否

真实的世界并非这样运转的——当给某位患者进行救治时,往往并不会拒绝为其他地方的另一位患者施加治疗。但是,在某种程度上,两者择其一的情况又是事实。我们今天所做的决定会对远离当时当地的其他人产生深远影响,而这些影响大多数人还没有意识到。

世界上的每个人都是独一无二的,并且各自扮演着十分重要的角色。如果不得不面临二选一的抉择,阿里尔·沙龙的家人可能会把他的生命看得比一名身患癌症的无名青少年更为重要——这完全可以理解。那么,在没有万全之策时,社会或宗教在我们做出选择的过程中扮演怎样的角色呢?我们能比功利主义做得更好吗?在这种情况下,我们有可能估计出绝对的社会利益吗?社会因素到底应不应该被纳入?也许这就是为什么犹太教对功利主义这么不屑的原因,他们认为功利主义作出的评判和决定完全不属于人类世界。尽管如此,功利主义却是人类制造出来的,所以我并不确定,从实际意义角度分析,这两种立场有何优劣之分。

时间拨回到 2010 年,早在阿里尔·沙龙接受扫描之前,马丁和我就在应用心理学组夜以继日地工作,设计一种用 fMRI 进行交流的简单方法。有一段时间,我一直相信可以通过 fMRI 实现双向交流,最终决定在自己身上测试。有些科学问题非常简单,与其等着招募几十名受试者,再一个一个费时费力地扫描、分析,还不如给自己测试来得容易。对我的这个问题来说,我所关心的只是,有没有可能在给自己做 fMRI 扫描时,通过改变我的脑活动模式来与外界交流。我递给马丁一张纸,上面潦草地写着一系列问题——都是他不可能知道答案的问题。他是认识我的，但还没有跟我熟悉到知道如"你母亲还活着吗？""你父亲叫特里吗？"这类问题的答案。这些都不是重要性问题，只要足够生僻，让马丁不知道答案，但同时又必须足够简单，让我可以用简单的"是"或"否"回答就行。

我躺到 fMRI 扫描仪的检测台上，闭上眼，听着机器的嗡嗡声，被慢慢送进仪器内部。仪器内既温暖又黑暗。这个舱体——它是一个沿着我身体方向的狭长管腔——不到两英尺宽，我的手肘几乎挨着它的内壁。我腿上盖着一条毛毯，脑袋被技术人员塞在我头骨和头部线圈之间的小海绵垫固定着。这个线圈看上去有点像罩住脑袋的"鸟笼"，你可以看到"鸟笼"外的世界，但只能隔着位于脸正前方的"围栏"去看。当刚爬上检测台时，这个"鸟笼"会像蚌壳般上下打开，身体躺下，把头放进"鸟笼"的下半面，技术人员把另一半罩在脸上，整个脑袋便会固定在里面。这个"鸟笼"是射频信号的接收器和发射器，也是核磁共振技术的核心。它们的构造是紧贴头部的，这样可以大大提高图像的质量。

在技术人员执行一些必要的启动程序时，我知道我有十分钟左右的时间无事可做。于是，我躺在黑暗中开始神游。我以前就有躺在扫描仪里的经历，而且有很多次。事实上，早在我还不知道它会成为我日常生活中的一部分之前，我就已经躺过很多不同的扫描仪。我在 14 岁时，被诊断为霍奇金氏症。两年里我无数次做扫描，MRI、CT、超声波、X 光——我全都做过。1981 年，连续七周，我每天都得在直线加速器里待上几分钟。这台巨大的机器占据了整个房间，每天给我的胸部进行放射性治疗。那个时候，我非常害怕这些机器，尽管它们在我的治疗和最终康复中发挥了不可或缺

是和否

的作用。所以，现在想起来，选择一份成天跟扫描仪打交道的工作还是挺奇怪的。

霍奇金氏症现在是完全可以治愈的，但在当时不是这么回事。我不知道我是否曾经想过会死，但我确实记得很多时候我觉得自己好像就要死了。除了放疗，我还接受了许多疗程的化疗。我的病情有了好转，但不久病魔又再度袭来。我又开始了每天的注射、吃药和呕吐。我一度以为这样的日子永无止境。我的头发掉了下来，体重几乎减轻了一半，有时我只想蜷缩起来等死。我的一些好朋友就是这样的。最终，我的十二指肠——小肠最前端连接胃的部分——承受不住各种药物的副作用，彻底罢工。我的身体剧痛难忍，于是我服用了哌替啶，这是一种与海洛因和吗啡同类的药物。

每隔四个小时，随着药物注射进我的静脉，一股温暖舒适如释重负之感沿着我的手臂上行，我便陷入一种无意识的迷幻状态。三小时后，我醒了过来，笔直地坐着，忍受又一个小时的极度痛苦，直到下一次甜蜜的解脱。最后我开始产生了幻觉——我跟一群小矮人和小精灵一起跳着舞穿过田野，还有鸟儿停在我手心，唱着动听的歌曲。医生立刻终止了我哌替啶的用药，可怕而汗水淋漓的痛苦挣扎又让我回到了现实。

在那段时期，我经常感觉自己游走在生与死的边缘，那是我自己的灰色地带，介于现实和虚空之间。就这样，我来来去去，进进出出，载浮载沉。我愿意待在那里，而不是现实，因为在灰色地带，我可以逃离痛苦，混混沌沌地睡去。每当我从灰色地带回到现实的时候，我就会歇斯底里地大声尖叫，直到一位好心的护士来救我，把我送回那个舒适的地方。

生命之光——神经科学家探索生死边界之旅

尽管是一段可怕的经历,但在那段时间里,我始终被满满的正能量和爱所包围,而且从那时候起它们就一直伴随着我。在那两年里,我母亲每天都守在我的床边,语调轻快地给我读报纸,告诉我家里最近发生的事情,始终不让我消沉。我父亲每天早上会把当天的报纸送来医院,午饭时间会带来一块蛋糕或一则笑话,晚上会过来跟我道晚安,然后搭乘最晚的火车回家。我的哥哥姐姐继续着他们的青少年时代,尽可能自己打理好生活上的大小事务——我无法想象他们是如何度过那段自立自强的艰难岁月的。

直到许多年后,我才意识到这对他们所有人来说是怎样的煎熬。那时我想到的只有我自己,生病的人是我,我是那个受苦的人,也是唯一前途未卜的人。但在现实中,事实绝非如此。生死攸关的重大疾病会影响到所有人,波及面极大。就像蝴蝶效应一样,在一个关系紧密的家庭里,当一个成员倒下时,其所震荡出的涟漪会以各种未知的方式向外扩散。不管处于事件中心的病人是生是死,关系紧密的家庭往往都会分崩离析。幸运的是,我的家庭并未因此瓦解,而我仍能站在这里,给你们讲述这个故事。

将近四十年过去了,我看着那些处于灰色地带之人的父母、兄弟、姐妹和孩子的脸庞,对他们有种莫名的亲切感;能感同身受地明白,当你所爱的人命悬一线时,家人是一种什么样的心情。

躺在扫描仪里,回想着童年的疾病,我开始怀疑我人生中的选择是否在冥冥中已有安排。我是无神论者,不相信命运。但是,我相信,我们所走的道路是由我们所做的选择决定的,这些选择来自我们的经验。我小时候病得很重,现代医学的仪器治好了我的病。是药物、扫描仪以及各方人员的努力让我活了下来。科学家、医生、护士、

是和否

医院护工——成百上千的人直接或间接地帮助了我,让我在面对死亡挑战时能不断前行。现在我则站在他们的位置。我是想回报什么吗?我选择工作在现代医学的前沿,身边一起的是研发新一代脑扫描仪的工程师、破解神经退行性疾病复杂密码的神经科学家,以及夜以继日地从鬼门关救回很多老老少少生命的神经重症专家。这一切都只是巧合吗?那么莫琳的意外对我的影响呢?那真的是我当初对植物状态和类似状态产生兴趣的原因吗?还有凯特呢?如果当时她的大脑没有响应,我现在就不会在这里,躺在扫描仪中,试着和马丁交流。也许最终我可以走到这一步,正是这些经历所促成的必然结果。

"好的,我们已经准备就绪了,现在该做什么?"马丁的声音通过一个简陋的对讲机系统传到我的耳机里——那是我与外界交流的唯一方式。

"问我一个问题。如果答案是肯定的,我会想象打网球,如果答案是否定的,我会想象在自家走动。"

十秒钟后,我听到扫描仪在一阵咔嗒、咚咚和哔哔声中开始工作。它依据的是复杂的物理学原理,简单地说,它靠的就是脑中旋转的质子。在我被推进扫描仪的舱体后,我头部外周强大的磁体会将我脑中的所有质子排列整齐(谢天谢地,好在我意识不到)。接着,我脑袋周围鸟笼状的线圈会发射出一阵短促的射频信号,将所有质子打乱。射频信号发放结束后,巨大的磁体又将所有的质子拉回原位。血液中的质子在被打乱后重新归位的速度取决于血液的氧合水平,这就产生了一个可以被扫描仪捕捉到的信号。真是令人赞叹的技术，极其精妙的科学。

身处核磁共振扫描仪中是一件奇妙的事。它运转的声音大得惊人——如果你没有戴上耳塞，没有罩上修路工人用的那种隔音耳罩，你的听力可能会受损。我就这样，躺在一个价值六百万美元的蚕茧般的舱体中，回忆着我患病的童年，脑袋被罩在鸟笼里，噪声巨大，就像喷气式飞机从耳边飞过。就在这样的场景中，听到马丁问："你妈妈还活着吗？"让人产生一种超现实的感觉。我得快速做出回应。我知道我应该做什么，但我只有三十秒的时间。答案是"否"，我的母亲已经不在人世了，为了传达"否"的意思，我知道我必须想象在自家走动。

我迅速收敛心神，想象自己穿过前门，走进我在剑桥中心附近的小房子。眼前浮现出大门入口的画面，那里塞满了外套和鞋子。我继续走进餐厅，那里摆放着我一年前从宜家买的玻璃桌，旁边配套的椅子坐起来很不舒服，令人抓狂。我朝厨房望去，厨房的门已有上百年历史，歪歪斜斜的。我走进厨房，经过右边的冰箱和左边通往露台的后门，在我正前方是一扇后窗，我刚好能透过窗户看到花园。要去那里，我必须向左转出后门，穿过我那年年初才铺设的石头露台，就能踏上花园的草坪。这正是我接下来要去的地方。

"现在放松一下，清空你的思绪。"

这句话打断了我的思路，让我停止想象的步伐。我很快把注意力从房子上转移开。我之前曾跟受试者说过上千次"放松并清空你的思绪"，但在那一瞬间我才意识到这是一个多么可笑的要求——啥叫"清空你的思绪"？我们有谁能"清空我们的思绪"？当我放松的

是和否

时候,我脑中满是明天的计划,要采购的东西,以及准备去参加的会议。

这让我想起我曾无数次被问到的问题:"我们真的只用了我们脑袋10%的资源吗?"我不知道那个可笑的想法从何而来,但它毫无道理。然而,已有太多人听到过这种说法,以至于我(我怀疑全世界所有其他神经科学家也是如此)总是被问到这个问题。但是如果你看一下PET扫描,有种特殊类型的PET扫描被称为氟化脱氧葡萄糖(FDG)扫描,它测量的是脑在休息时的基线活动,你会发现全脑都是在活动的,始终不停。当你在思考或做某些事情时,部分脑区会变得更加活跃(这可以通过^{15}O-PET扫描或fMRI看到)。但是,当你只是"放松并清空你的思绪"时,你的全脑仍然处于活跃状态。

我们不可能只使用10%的脑资源,就像我放松时思绪不可能清空一样。但是,这正是我躺在扫描仪里听到马丁这一要求时要做的。

我将思绪拉回到悉尼,想象着自己闭眼躺在邦迪海滩上的情景。我想象着阳光照在我脸上的温暖感觉,并尽量将注意力停驻于此——停驻于空的状态。只要你试一下在几秒钟的时间里什么都不想,你就会发现这有多难。你的思绪就像一只蜂鸟,不停地从一个想法飞到另一个想法,你完全不可能踩下刹车,让脑中一片空白。我经常想这可能就是我们很难想象植物状态是什么样的原因。什么都不想是什么感觉?我们无法知道,因为我们从未经历过,我们也永远无法体验它,反正在灰色地带的这一边是没有可能的。

"你母亲还活着吗?"马丁的声音将我从邦迪拉了回来。再次听到这句话让我如获大赦——我可以回到我在剑桥的家,回到三十秒前我离开的地方,站在厨房里思考着如何进入花园。想点什么比什么都不想要容易得多，这真是一个奇怪的悖论。在现实世界中，做点什么比什么都不做需要花费更多的力气。但是对思绪来说，情况正好相反。我们总是处于开机状态，监视我们周围的世界，寻找我们应该留意的事情，查看环境中需要躲避的危险。这是我们的默认状态，关掉它反而需要多费些力气。

这一过程我们重复了五次，在回答关于我母亲的问题和在海滩上放松之间来回切换，总共花了整整五分钟，扫描结束。突然的安静让我如释重负。但是，我又很紧张。这个方法可行吗？我可以单凭我脑的活动来与外界交流吗？我已经等不及离开扫描仪。

"你知道答案吗？"我脱口而出，希望外面有人能回应。我非常想知道结果，但我被困住了，脑袋还在鸟笼里，与控制室里发生的一切完全隔离。没有回音。我紧张得要命。

"成功了吗？"我喊道。

依旧沉默。然后，对讲机响起："你母亲已不在人世了。"

我简直不敢相信："你确定吗？"

"百分之百确定！实验结果一清二楚，你的海马旁回亮得像圣诞树一样，这意味着你想象的是在自家走动的画面——这表示你在告诉我们答案是'否'，对吧？你母亲已不在人世了。"

在那之前，我从未想过，有一天我会因听到"你母亲已不在人世了"这句话而感到开心。而现在，我欣喜若狂。

"让我们再做一次！"我大喊，"再问我别的问题。"

★　　　　★　　　　★

直到实验结束，我被问了三个问题，我都只用自己的脑活动就成

是和否

功回答了所有问题。当被问到"你父亲叫克里斯吗?"之时,我再次想象在自家从一个房间走到另一个房间,因为答案是"否"——我父亲的名字不是克里斯,克里斯是我哥哥的名字。但是,当被问到"你父亲叫特里吗?",我做了一件完全不同的事。我想象着打网球,挥动球拍把球打过网击向假想中的对手。我知道我必须这样做才能传达一个肯定的信息。我父亲的名字是特里,通过想象打一场网球赛,我就可以把这一信息告诉外面控制室的马丁。我只是通过改变我的脑活动模式便让他知道我父亲的名字。

凭借这一科技创举,马丁已经能读懂我的想法。这不是心灵感应,至少不是字面意义上的。我的想法被重新编码成一种脑的活动模式,这一模式被 fMRI 扫描仪所采集,并以颜色鲜艳的斑点形式呈现在电脑屏幕上,让马丁"阅读"。就这样他读懂了我的想法。

实验成功了!已经证明,我们可以用 fMRI 与身处扫描仪里的人进行双向交流。我们可以问问题,然后我们只需要看看人脑里发生了什么来解码答案。这个方法非常简单,但给了我们所需要的。

★ ★ ★

在这种方法用于患者身上之前,还有很多问题有待回答。该技术的可靠性如何?每个人都能完成这一任务吗?还是只在我身上行得通?毕竟我对 fMRI 扫描仪的运作方式了若指掌,知道如何最好地激活大脑——也许这给了我优势,让我比普通人更容易完成这项任务。

为了检测我是否属于特例,马丁扫描了十六名新的受试者,来检验我们发明的技术:想象打网球代表"是";想象在自家走动代表

"否"。十六名新的受试者,每人三个问题,完成这项实验花了几个星期。实验结果一出来,马丁便走进我的办公室,笑得合不拢嘴。我知道结果了,都写在他脸上。太神奇了,仅仅通过观察大脑对每个问题的反应激活模式,马丁就能正确地解码出实验中四十八个问题的所有答案。非常成功! 使用 fMRI 进行可靠的双向沟通是完全可能的。

当然,每个答案都需要花费五分钟时间的扫描才能准确解码出来,但是,如果这是你唯一的交流方式呢? 难道你的人生不会因它而改变吗? 想象一下,对不能说话,不能眨眼,多年来都不能以任何方式对外表达的人来说,终于出现了这种可能性——一个经典桌游《二十道问题》(*Twenty Questions*)的科技进阶版,受困于残破躯体中的思考着的大脑和外部世界产生了连接。

★　　　　★　　　　★

我们很快有了一个将这项技术在患者身上进行试验的机会。由于和比利时的史蒂文·洛雷及其团队有合作关系,我们认识了一位二十二岁的东欧患者,让我们叫他约翰吧(我不知道他的真实名字)。他五年前骑摩托车时被车撞了,后脑勺受到重击,导致大面积脑挫伤——这种挫伤通常会造成脑中小血管广泛性微出血,流出的血液会溢出到周围的脑组织造成伤害。史蒂文的研究组对约翰进行了为期一周的仔细评估,结果多次诊断他为植物人。梅勒妮·博利已回到列日,在当地医院的神经科任临床住院医生。她将约翰推进 fMRI 扫描仪,让他想象打网球的情景。尽管五年来他一直没有任何反应,但在扫描仪中,约翰表现出了清晰的意识迹象——当被要求想象打网球时,他是可以完成的。

第九章

是和否

史蒂文从比利时打来电话,询问他的团队是否可以用我们的交流方法来扫描约翰,我马上一口答应。这是我们一直等待的机会。第二天晚上,梅勒妮和史蒂文的一个学生奥德丽·范豪登休斯(Audrey Vanhaudenhuyse)对约翰做扫描,并尝试用我们的新技术与他交流。激动万分的马丁登上了第一班去列日的火车——他迫切地想去那里见证具有历史性的一刻,我也想让他去。那时,他已经积累了大量与扫描仪中的健康受试者进行交流的经验,并编写了一些智能计算机代码,让我们能快速高效地得出结果。

给约翰做扫描的那天,我一醒来便跳下床,穿上西装打好领带。我在伦敦皇家学会的一场会议上有个演讲,我一点准备都没有——这两天满脑子全是比利时那边的试验。当我坐上火车,缓缓向伦敦驶去时,我试图把注意力集中在过一会儿要做的演讲上,但还是一直想着约翰和他要做的扫描。我希望我也能在那里,也许我应该去。虽然几个月前我就同意了在伦敦的演讲,我也知道退出非明智之举,但我无法假装自己从未有过这样的想法。

在我即将踏入皇家学会的会场时,手机响了起来,是马丁从列日那边的扫描控制室里打来的。

"他有反应,"马丁大叫,"他又在想象打网球了。我们可以问他一个问题吗?"

"问吧!"我站在嘈杂的人群中大声回答他。

在我等待发言的这段时间里,我的手机每隔几分钟就响一次。"看起来他在激活他的前运动皮层,但我们还不能确定。"马丁告诉我。

比利时的扫描仪和我们剑桥的一样,可以实时但只是粗略地分

123

析 fMRI 数据——有时很难百分百地确定扫描的最终结果。

"你能将原始数据看得更清楚些吗?"我问他。我知道如果马丁能导出数据并自己进行分析,我们会更清楚地知道如何对患者进行下一步操作。

我不得不关掉手机,上台演讲,演讲的题目是"当思想化为行动:用 fMRI 检测意识"。四十五分钟的演讲后,听众们针对我在植物状态患者意识检测方面的工作提出了很多问题。这些听众的来头不小——在与会的两百人中有很多是英国顶尖的认知神经科学家,大家对演讲的内容很感兴趣并表示认同。我一走下讲台便立刻走出会场来到大厅,重新跟列日连线。还有人想再问我一些关于我演讲的问题——我都回绝了,我的心早已飞到了比利时,那时的我如坐针毡。

"他们想知道我们该问他什么。"马丁说。

"让他们问你之前问过健康受试者的那些问题,问他有没有兄弟姐妹。"

"我们问了,我们已经把三个问题都问了。接下来我们要做什么?"

事情进展得太快,我们没有问题可问了。我们甚至没有考虑过如果患者能进行到这一步该怎么做。我想,我们之前根本不相信这一切会发生。

"奥德丽想知道我们是否应该问他喜不喜欢比萨。"马丁说。这逐渐演变成一场电话游戏,我开始担心重要的细节有可能在翻译中丢失。

奥德丽的建议引出了一个重要问题。到目前为止,我们只问了

第九章

是和否

一些有明确肯定或否定答案的问题,这些答案可以在扫描后通过与家人的访谈来验证。像"你有兄弟吗?"这样的问题就是有明确答案的,你要么有,要么没有,我们也可以跟家属进行验证。但是,像"你喜欢比萨吗?"这样的问题则不然,我喜欢蘑菇比萨,但我不喜欢意式腊肠的。所以,我对这个问题的回答是:"这得看是哪种口味的比萨。"

此外,对比萨的喜好还不像我是否有兄弟那样,是一个可以检验的、毋庸置疑的事实。我们最终一致认为,问约翰他父亲的名字是一个很好的选择,还有他五年前在事故发生前最后一次度假的地方也是。奥德丽与约翰的家人做了沟通,他们给出了一些可能的答案,有些是对的,有些是错的,然后她又回到了扫描控制室。

于是扫描又开始了。史蒂文的团队在列日扫描患者,而我在伦敦提供建议——有史以来第一次,我们对一名被诊断为植物人的患者进行扫描与交流。当马丁给出正式的分析结果时,我们清楚地看到,约翰五道问题都答对了。真是令人难以置信。他告诉我们,是的,他有兄弟;不,他没有姐妹;是的,他父亲的名字叫亚历山大;不,不是托马斯;他还确认了他受伤前最后一次度假的地方——美国。

我们还有时间再问一个问题。也许是时候把事情推进一步了,问一个我们无法验证的问题,一个可以真正改变约翰生活的问题。站在扫描控制室里,马丁、奥德丽和梅勒妮想出了一个主意——他们要问约翰是否对这样的状态感到痛苦。如果约翰在过去的五年里一直处于痛苦之中,那么现在就是他向我们倾诉的机会,说不定我们甚至还可以做些什么,以减轻他的痛苦。梅勒妮打电话给史蒂文征求他的意见。史蒂文在伦理道德方面的议题上是专家,在这种情况下,

125

生命之光——神经科学家探索生死边界之旅

决定什么该做和什么不该做，他很有经验。

"问他想不想死。"史蒂文说。

梅勒妮吃了一惊："你确定吗？我们不应该问问他是否对这样的状态感到痛苦吗？"

"不！"史蒂文说，"问他想不想死。"

那是一个折磨人的时刻。我们决定把事情推向一个前所未有的高度，但现在我们面临着要把它推向一个全新的——而且坦率地说，一个可怕的——方向的可能性。万一他说是呢？我们该怎么做？即便他回答否，我们也无法为他做些什么，最多知道他的愿望。

我们，包括史蒂文，都没有充分考虑过这种情况带来的伦理难题。在过去的近十年里，我一直在朝这个方向努力——努力与灰色地带的患者取得联系，询问他们的愿望——但现在我们就在这里，我却不知道有了答案该如何做。我甚至都不确定我们是否应该问这个问题！但在列日那边，史蒂文才是主导这场扫描的总负责人，决定权在他。我猜他明白这才是最重要的问题——是这个家庭心心念念想要问的问题。

很难说接下来发生的事情是好是坏——在很多方面，它让我们摆脱了困境，但结果还是让我难掩失望。在被问到"你想不想死？"这一问题时，约翰的扫描结果并不明确。尽管约翰清楚准确地回答了前面五个问题，但当被问及是否想死时，我们却无法解码他的脑活动。并不是说他没有回应，只是我们无法分辨出他是在想象打网球，还是想象在自家走动。他似乎两者都没有做。我们没有办法知道他的回答是"是的，我想死"还是"不，我不想死"。我不知道为什么会这样，但我猜想，就像"你喜欢比萨吗？"这样的问题一样，对我们大多

是和否

数人来说,"你想不想死?"是没有明确的是或否的答案的。也许约翰的反应是"呃,这得看还有没有其他选择了!"或者"再有五年的话,你有多大把握能找到办法让我摆脱这种状况?"或者"你能给我多点时间考虑一下吗?"有太多可能性了,任何一种答案都可能产生我们无法判读的脑活动模式,因为约翰既没有想象打网球,也没有想象在自家走动——而这是我们唯一能可靠地判断并理解的两种大脑状态。我们没有时间了。梅勒妮、奥德丽和马丁把约翰从扫描仪中拉出来,将他送回病房。

★　　　　★　　　　★

与约翰的交流甚至比发现我们能在植物人身上探测到意识更令人兴奋。在约翰的案例中,他表现出的不仅仅是对周围环境的感知力,还有进一步的认知能力。我们甚至已经接近得到一个最关键问题——"你想不想死?"的答案了,很接近,但还不够接近。

你可能认为回答诸如"你是否有姐妹"这样的问题对你来说不会消耗多少脑力,但实际上这一过程相当复杂。问问你自己:"你有姐妹吗?"我敢打赌你一定感到很容易,你肯定想都不用想就有了答案。你之所以能轻松地回答这一问题,是因为这个答案一辈子都不会变。当然也有例外,也许你有一个姐姐或妹妹,但她已经去世了,如果不在回答中添加额外的解释便很难直接回答。不过对大多数人来说,答案就是一个简单的是或不是。是的,你有一个姐妹,或者不,你没有。

但是,你的大脑是怎么做的呢?它是怎样知道答案的呢?真相是,它不只是知道,至少不像大多数人认为的那样:我们,作为人,就是知道某些事情。你的大脑不可能"就是知道"你有一个姐妹，就像你的电脑不可能"就是知道"你有一个姐妹一样。它必须找出答案。你的大脑必须在你的记忆中搜寻任何你有姐妹的证据。证据有两种主要形式：一种是自传式的，你可能有这样一些成长的记忆，和一个长得跟你有点像的人一起玩耍，而且她跟你有共同的父母，或许你还记得你姐姐或妹妹的 21 岁生日以及你给她买的礼物。这些都属于自传式记忆，你的大脑可以用它来判断你是否有姐妹。

你的大脑可能找到的另一种证据是心理学家所说的陈述性记忆，简单地说，就是知识。在你脑中的某个地方，存储着一份数据，表明你有或没有姐妹。这和你与你姐妹相处的经历无关；这只是存储在记忆库中的一个事实，当你需要回答"你有姐妹吗？"这个问题时可以提取出来。这就是一个知识点，如巴黎是法国的首都——不管你去或没有去过法国，你都可能知道这个知识点，你知道这个事实，就像你知道你有姐姐或妹妹一样。

自传式记忆和陈述性记忆之间的区别引起神经心理学家极大的兴趣，因为脑损伤可能只影响一种记忆而不会影响另一种记忆。事实上，我在多伦多罗特曼研究所的同事布莱恩·莱文（Brian Levine）曾描述过一种名为严重自传式记忆缺乏综合征的全新记忆失能症状。有这类症状的患者，虽然无法生动地回想起过去经历过的事件，但其他的记忆能力没有受到丝毫影响。这些人可能完全丧失了和他们姐妹一起的童年回忆，说不出任何与兄弟姐妹的共同经历，也记不得 21 岁生日时的美好时光。不过，他们知道自己有姐姐或妹妹，因为他们尚未丢失存储的事实知识，仍保留有对信息的陈述性记忆，这让他们多少还能过着正常的生活，他们注意不到记忆失能

是和否

的状况。布莱恩手中的案例通常没有脑损伤的病史,也没有神经影像学证据表明他们存在脑损伤,所以这一症状的病因仍然是未解之谜。

我们得出的结论是,约翰保留有事故发生前的记忆,包括他最后一次度假的地点。我们不知道他使用的是自传式记忆还是陈述性记忆,不过这两类认知过程至少有一类是完整的,他才能正确回答问题。我们还可以总结更多关于约翰脑功能的信息。想想看,要正确回答"你有姐妹吗?"这样的问题,你还需要做些什么?至少,你还需要能理解口语。如果你不理解这个问题,你当然没有办法回答。此外,你需要将这个问题在工作记忆中保存一段时间,直到找到问题的答案。如果你没有工作记忆,不能将信息暂存到用得上它的时候——在这种情况下,你还能回答哪怕是很简单的问题吗?你的大脑会去搜寻答案,但结果发现忘记了要搜寻什么问题的答案。

事实上,约翰需要动用更多的工作记忆才能完成他那天的任务,因为他需要记在脑中的不仅仅是问题。在长达一个多小时的扫描过程中,他得记住,当问题的答案是"是"时,他必须做什么(想象打网球),当答案是"否"时,他又必须做什么(想象在自家走动)。更重要的是,约翰的反应证实这些认知过程一定是完整的,也让我们知道他脑中哪些部分仍能正常运转。如果他能理解语言,那么他颞叶的语言区域一定运转正常。他可以在工作记忆中保留信息,这告诉我们,他额叶中负责最高形式认知加工的部分仍能正常反应。他还能回忆起事故发生前的事情,这又告诉我们,他的内侧颞叶以及大脑深处的海马体都完好无损。

这些心理过程都是你我每时每刻在进行的,我们甚至连想都不用想它们是如何运转的。但是，能见证一个五年来一直被判定为植物人的患者身上呈现出如此精妙的意识活动，实在太有启发性。

约翰通过扫描仪与我们进行可靠有效的"沟通"，但是史蒂文的团队未能建立起在他床边和他沟通的方法。对约翰来说，只能通过fMRI 与外界交流，这是唯一的选择。不过，在我们完成对约翰脑部的 fMRI 分析后，医生用标准的神经技术又重新为他做了一次全面的评估，他的诊断结果改为"最小意识状态"。知道约翰还在，一定从某种程度上让史蒂芬的团队更容易发现一些细微的意识迹象，这些迹象在扫描前易被忽略。

约翰只在列日待了一个星期。他之前从东欧转过来是为了接受史蒂文研究组的评估，现在该回家了。我们和他也缘尽于此。许多年后，我向梅勒妮打听他的状况。她说，在他回家后，奥德丽与他的家人失去了联系。他们提供的电话号码打不通，也没有其他联系方式。约翰就这样突然消失了，就像他突然出现一样，仅在光亮中待了几个小时，又回到灰色地带，再也没有机会与外界交流。

这些与患者的交会之机转瞬即逝，让人唏嘘，但在当时，是经常发生的。我们广撒网以收罗更多的患者，有时还从很远的地方将他们接过来，由于物流和经济原因限制了我们的科研。尽管所有人都想留住约翰，进一步探究他的意识状态，更深入地挖掘他的内心世界，但这一切都不可能——不管面临何种状况，我们只能顺势而为。无论身处何地，只能见机行事，常常徒留失望。科学发现往往具有随机性，很多突破往往出于偶然，而非人为的精心设计。尽管如此，和约翰失去联系还是让我耿耿于怀——我下定决心改变现状，创造出一种让我们可以持续追踪患者的场景，而不再受制于任何状况的改变。

是和否

★   ★   ★

在发表关于约翰案例的论文后,我的实验室再次受到媒体的关注。我在应用心理学组的电话一直响个不停,摄制组来来往往。我已数不清自己上过多少个国外电台的节目,反复给大家讲述植物人终于能与外界沟通的经过。大众似乎对这个经过有着无限的兴趣,而且时机也真的再好不过。马丁当时正在找工作,就在他在 UCLA 面试那天,《洛杉矶时报》(Los Angeles Times)头版头条刊登了一篇名为"植物患者大脑崭露生机"的文章。所以他能得到那份工作我一点也不意外。

世事往往相互依存,众人的关注成就了这门科学,而这门科学的发展又影响我们这些以此为事业的人。追溯到 1997 年我们第一次扫描凯特时,我没有任何资金用于支持这类研究;而到了 2010 年我们发表约翰的经历时,来自基金和科研机构的资金支持已经发生了巨大的改观。美国的詹姆斯·史密斯·麦克唐奈基金会(James S. McDonnell Foundation)授予尼可·希夫、史蒂文·洛雷和我 380 万美元的研究经费,用于开发一项联合科研项目。我们欧洲的一帮人,包括史蒂文,获得了一笔价值近 400 万欧元(450 万美元)的资助,为无行为能力的患者开发脑机接口。医学研究委员会又给我 75 万欧元(100 万美元)的经费,支持我们在植物状态患者身上做进一步 fMRI 研究。另外,我在应用心理学组的大部分研究项目现在都已集中到意识障碍的研究方面,资金也是资助这类项目的研究。总之,就研究经费来说,形势一片大好。

伴随各方面的关注,又一个重大契机出现了。一天,我突然接到来自加拿大的电话,来电者是加拿大西安大略大学的认知神经科学家梅尔·古德勒(Mel Goodale),在视知觉和运动控制等研究领域享有盛名。他告诉我最近加拿大政府发布了一项计划,招揽国外科学精英到加拿大工作。申请成功的人员将获得加拿大卓越研究中心(CERC)项目提供的 1 000 万美元资助,其所任职的机构还会提供配套等额的研究经费。

我抓住机会,远渡大西洋,重返加拿大,从头开始,在世界著名的西安大略大学的脑与心智研究所创建了"灰色地带Ⅱ"实验室。这个实验室拥有更多的研究资源、更加充足的研究经费及一个全新的可能。

抵达加拿大后不久,我接到之前一位同事克里斯蒂安·施瓦兹鲍尔(Christian Schwarzbauer)博士的来电。施瓦兹鲍尔博士是一位物理学家,在苏格兰的阿伯丁工作。

"我们一直在用你们的 fMRI 方案扫描苏格兰地区的植物状态患者,"他说,"我们最近还扫描了你的一位老朋友。"我立刻意识到他一定是在说莫琳。是莫琳的父母促成了我和克里斯蒂安的通话,他们问我是否可以解读一下她的扫描结果,克里斯蒂安也很想征求我的意见。

这是我力所能及的。然而,当要对扫描结果进行评估时,我内心波涛汹涌。我关上办公室的门:我需要独处。盯着莫琳的脑影像,感觉就像望进我遥远的过往。这是我一生中最为奇妙的感觉——就像触碰到我多年前埋藏在心底的某个遥远的情感部分。我低头凝视着

是和否

那个和我曾经如此亲近之人的脑影像。我意识到,我曾感受到的我俩之间的强烈敌意早已烟消云散。我仔细盯着莫琳的脑影像,想从中找出一些蛛丝马迹。这个人再也不是那个让我沮丧和困惑的人,她是我曾深爱的人。

克里斯蒂安曾让莫琳想象打网球,然后再想象在家中走动。如果她的扫描显示她有反应,我该怎么办?我暂时把这一问题抛在脑后,再次凝视眼前的屏幕。我所能看到的只有黑暗,一片空白的影像,上面什么也没有,没有一丝我所认识的莫琳的影子,一点有关莫琳的线索都没有。还是那么遥不可及、无法探知——她仍然是个谜。

第十章

你 疼 吗

宁可一死了之,也不愿一辈子活受罪。

——埃斯库罗斯(Aeschylus)

1999 年 12 月 20 日,在安大略省萨尼亚市,一名年轻男子开车离开他的祖父家,他的女友坐在他身旁的副驾驶座位上。他叫斯科特,在滑铁卢大学学习物理,在机器人领域的前途一片光明。但是,就在离开他祖父家仅几个街区的一个十字路口,一辆前往犯罪现场的警车垂直撞向了司机的一侧。警察和斯科特的女友只受了轻伤,并被送往医院救治,但斯科特没有那么幸运,他的伤势非常严重。他被萨尼亚总医院收治,几小时后,他的格拉斯哥昏迷量表——一项在世界范围内广泛使用的用于评估个体意识状态的神经病学量表——得分迅速下降。量表中包含意识的三个指征:眼睛(从"未睁眼"到"自发睁眼")、言语输出和运动反应。可能的最低分是 3 分,表示"未睁眼""无法发声""没有任何动作"。最高得分 15 分,表示完全清醒,交流正常,并能遵从指令。斯科特的得分为 4 分,离完全关停只有一

你疼吗

步之遥。尽管头面部没有受伤的痕迹，但他的脑袋遭到严重撞击。警车对斯科特车侧面的冲击力，导致他的脑组织撞向颅骨内侧，挤压形成脑疝，并被严重挫伤。总之，他的情况不容乐观。

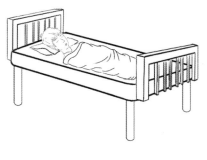

病床

十二年后，就在我来到安大略省伦敦市不久，便听说了斯科特的事。当时我联系到帕克伍德医院的医生比尔·佩恩（Bill Payne），向他咨询是否知道有适合我们研究的患者。帕克伍德医院位于伦敦市南部，是一家长期护理机构。该院始建于 1894 年，原名"维多利亚绝症患者之家"。如今，虽然改了名字，帕克伍德医院仍是很多绝症患者的"收容所"。佩恩医生第一个想到的患者便是斯科特。"他是个有趣的家伙，"比尔说，"他的家人都相信他是有意识的，但我们从未看到过任何迹象，我们已经观察他很多年了。"

于是我前去看望斯科特。从外表上看，他确实像植物人。但是，我需要其他专家的意见，没有人能比该领域的资深神经科医生布莱恩·杨（Bryan Young）教授更加合适。他即将退休，职业生涯的大半时间都在与植物人及昏迷患者打交道，他可能是我所见过的最友善的人。

我给他打电话,问:"你认为斯科特怎么样?"

"非常有趣的家伙。"这话听起来有点耳熟,"他的家人相信他有意识,但我们始终没有看到过任何蛛丝马迹。"

我进一步向他询问斯科特的情况。自从十二年前斯科特出事以来,布莱恩一直定期与他见面。作为当地意识障碍领域中最有经验的神经科医生,布莱恩自然是对斯科特检查最仔细的人。布莱恩拥有丰富的意识评估经验,并以严谨而仔细的评估态度享誉国际。如果他认为斯科特是植物人,他很有可能就是植物人。我告诉布莱恩我想用 fMRI 对斯科特进行扫描的想法,布莱恩认为这是一个好主意。"之后请告诉我你发现了什么。"他对我说。

我前往帕克伍德对斯科特进行全面评估,同行的还有戴维尼亚·费恩德斯-埃斯佩霍(Davinia Fernández-Espejo),跟我一起从欧洲来到加拿大的一名博士后。在斯科特所住病房外一间安静的房间里,一名护士把我们介绍给他的父母,安妮和吉姆。

安妮原来是一名实验室技术员,斯科特出事后她便辞了职。她的丈夫吉姆曾在银行工作,当时是一名卡车司机。他们是一对很和善的夫妇,无微不至地照顾斯科特和他的伤后生活。事故发生后,他们便搬到安大略省伦敦市郊外的一间平房,在斯科特还没有住进帕克伍德接受全天候照料的时候,他们将他安置在那里以方便照顾。

吉姆和安妮告诉我们,尽管斯科特被诊断为植物人,但他们相信,斯科特对他喜欢的《歌剧魅影》和《悲惨世界》的音乐有反应。

"他的脸上有表情,"安妮坚持道,"他会眨眼,会对积极的事情竖起大拇指。"

基于布莱恩这些年所做的多次评估,再加上我们自己对斯科特

你疼吗

状态的评估,安妮的这句话确实让人奇怪。不管怎么努力,我们都没有办法让斯科特竖起大拇指。我查了他的官方医疗记录,布莱恩以及多年来给斯科特做过检查的其他医生都没有发现受伤后的斯科特会竖大拇指。然而,他的家人态度坚决:斯科特是有反应的,所以他是有意识的。

　　尽管很奇怪,但是这些年来,这样的情况屡见不鲜。虽然没有任何临床或科学的证据,但家人却确信他们所爱之人是有意识的。他们会和那个人说话和互动,就好像他(她)是完全有意识的。为什么呢?难道家人对患者的意识状态有某种高度的敏感性?难道他们有第六感觉,能检测到像布莱恩·杨这样受过高级训练的专业人士也无法察觉到的意识痕迹?当然,家人对患者有更深入的了解,这也许可以解释他们对患者细微意识迹象的敏感性。

　　大多数的严重脑损伤都是突然发生的,且十分惨烈,其导致的后果之一是:评估患者的医生,通常是受过训练的神经科医生,往往从没见过他(她)以前健康生活时的样子,医生对患者的全部"了解"只是他们出事后的模样。而他们的家人和患者有多年的相处经验,对患者原本的状态有全面的了解。而且,事故发生后,家属通常会花更多时间陪伴患者。神经科医生则和所有医生一样,事务繁忙,有一大堆临床任务,还要诊治很多其他患者,这就限制了他们花在单个人身上的时间。相反,许多家属则会日日夜夜、时时刻刻守护在患者床边,不放过哪怕最微弱的一丝希望,密切注视着微小的意识迹象。因此,如果患者有一点意识,他们自然是第一发现者。

但是,投入的时间、努力和希望肯定会助长他们一厢情愿的想法,哪怕是最轻微的一丝征兆都可能被他们放大解释。我们都非常容易受到心理学家所说的确认偏差(confirmation bias)的影响,而确认偏差正是灰地科学的一大痛点。我们倾向于从能支持自己已有信念的角度去寻找、解释、选择和回忆信息。如果你最爱的人躺在你身旁的病床上,生命危在旦夕,你肯定会迫切地希望他(她)醒过来,希望让他(她)知道你在那里。你会让他(她)如果听到你说的话就握一下你的手——而他(她)真的这样做了,你明显感觉到他(她)的手轻轻挤压你手掌时的压力在增加,你会有什么反应? 他(她)照你说的做了,他(她)是有意识的。你的这一反应很正常,但遗憾的是,这在科学上站不住脚,科学讲求的是可重复性。

我们的世界是混沌无序的,巧合无处不在。有时当我们对猴子说"笑一笑"时,它们刚好笑了起来。有时当我们问婴儿"告诉我们现在几点啦"时,他们也碰巧指向墙上的挂钟。当我们满怀迫切希望,跟植物状态的患者说"如果你能听到的话就握紧我的手"时,他们可能刚好在那时握紧了手掌。这样的结果很让人兴奋,好像奇迹发生了。但是,这些测试可以重复吗? 如果下次你让你所爱之人紧握你的手,而他(她)没有反应,这该怎样解释呢? 无奈的是,我们不太可能直接接受这样的负性反应,而让确认偏差左右我们的判断。

心理学家经常以占星术为例来解释确认偏差的影响力。为什么在没有科学证据支持的情况下,还有那么多聪明、受过教育的人,会或多或少地相信恒星和行星的位置与个人的人格特质有某种关系? 从心理学角度分析,原因大概是我们会更多地关注与我们所想的相匹配的信息,而非我们先前不相信的信息。当我们碰到一个个性顽

你疼吗

固的人,后又得知他是金牛座,我们脑中的一段记忆便会激活——提醒我们,我们就"知道"金牛座就是有点顽固。于是,这种(错误的)信念通过重新激活得到强化。问题是,当我们遇到另一个不是金牛座的固执的人时,那段记忆——即那一性格特征和那一星座之间的联系——却没有被激活。我们脑中没有发生任何变化,错误的信念仍然存储在我们脑中,既没有增强也没有减弱。

想要消除你的错误信念,你必须开始密切关注所有你认识的非金牛座的固执的人,以及所有金牛座的不固执的人。最终,你的大脑会得到这样的信息:你的信念是没有事实根据的——可能由于年轻时涉世未深,尚未懂得搜集证据用于鉴别真伪,便形成错误信念。

同样不合理的推理还可以解释为什么许多人会认为红头发的人头脑容易发热。每遇到一头火红头发又脾气暴躁的人,便会立刻吸引我们的注意,因为这与我们的想法相符。但是,我们常常对所有冷静温和的红头发的人视而不见。作为一个红头发的人,我清楚确认偏差在偏见中的作用:我不止一次被那些根本不了解我的人指责为脾气暴躁。

更广泛地来说,确认偏差也可能在信念和信仰中扮演重要角色。我记得许多年前,当我还是小男孩时,曾到当地的卫理公会教堂做礼拜,听牧师赞扬一位女孩不懈努力,与危及生命的癌症作斗争,终于战胜病魔的故事。这个女孩在抗癌过程中,一直在教堂做礼拜,教友齐心为她祈祷。"这就是祈祷的力量。"牧师说。在我患霍奇金氏症住院期间,周围有很多朋友因癌症而去世,这些回忆曾让我十分困惑,他们中的一些人同样虔诚,也有教友同样齐心地为他们祈祷。总的来说,这些证据表明,"祈祷的力量"能给你的最多是一个平等的机会。然而,确认偏差让我们某些人在面对毋庸置疑的大量负面证据时仍然选择继续相信。

★　　　★　　　★

作为一名与灰色地带患者的家属打交道的科学家,我经常发现自己处于一种不舒服的境地,因为我知道太多反映人类这种倾向的鲜活而辛酸的例子。在面对阴性反应时,家属往往会想出一堆理由来解释为什么他们希望发生的事情并未发生。或许患者现在太累了? 或许是药物让他(她)犯困了? 会不会是他(她)心情不好,不想玩握手游戏? 患者家属执着于患者某一次对指令做出的反应,却忽略无数次他们没有反应的情况。

确认偏差还只是导致问题的一半原因。想象一下,当你不在床边时患者都做了些什么。说不定患者的手一直在有规律地做着抓握动作,无论有没有明确的指示。这样的动作没有任何意义,就像皮肤痒了,手就会去抓一样,是一种完全没有意识的自发性动作。当你来到床边,要求你爱的人紧握你的手时,他(她)握了。当你离开,他(她)独自一人时,他(她)还是在抓握。这与你无关,也与你的指令无关。但是,你不在那里,并不知情。它就像时间轴上一个无声的点,与你在场时发生的反应一样重要,却因为没有人在场看到那些反应而被认为没有发生。

这两种现象——确认偏差和无目击者的反应——导致我们十分看重自己所看到的反应,而完全忽略患者的阴性反应或看不到的反应。但是,从统计学角度分析,这些数据的地位其实是同等重要的。

我不知道斯科特的家人是否落入确认偏差的思维模式中,还是

你疼吗

他们真的在他身上看到了一些我们检测不到的情况。作为科学家，我更倾向于前者。但是，作为普通人，我更愿意接受后者。我被斯科特的家人所感动，他们全心全意地照顾他，尽一切努力让他过得舒适。我也被他们认为斯科特有意识的信念所感动，不管这种信念在科学上是否站得住脚。斯科特出车祸已有十多年，他们始终在那里支持他，并坚信他能感受到他们对他的关爱。

我们怎能不被他们伟大的奉献精神所动摇呢！我们试了很多次，但是始终无法让斯科特在科学控制的条件下重现任何身体反应。我们让他看举在他面前的镜子——没有反应；我们让他去碰他的鼻子——没有反应；我们让他伸出舌头——没有反应；我们让他抬脚踢球——还是没有反应。这些指令都是经过仔细斟酌的，已经在全球数百名严重脑损伤患者身上反复验证过。所以，我们认为，布莱恩是对的。种种证据表明，斯科特确实处于植物状态。

BBC 的一个摄制组来咨询，问他们能否录下斯科特的扫描过程，这让我对扫描更增加了焦虑。BBC 有一档节目叫《全景》（*Panorama*），于 1953 年开播，是世界上播放时间最长寿的时事纪录片。这档节目在持续追踪我们的研究，之前的录制是在英国境内进行的，不过我们搬到加拿大后，拍摄工作便面临中断的危险，但为了贯彻英国 BBC 精神，摄制组决定穿越大西洋，继续追踪我们在加拿大的患者及我们的一系列进展。

医疗记者费格斯·沃尔什（Fergus Walsh）是这档节目的主持人。我对他很了解，2006 年我们用 fMRI 表明卡罗尔有意识时，他是第一个采访我的记者，并在 BBC 电视新闻上大力报道我们的研究成果。费格斯还密切追踪安东尼·布兰德的案例，并在 2010 年我们首次成功与一名植物状态的患者实现双向交流时回到剑桥，进行相关报道。但是，这次不同——这次将是一个长达一小时的 BBC 纪录片，并在全球电视的黄金时段播出。

费格斯第一次打电话问我意愿时，我正站在剑桥火车站月台上，那是一个寒冷的冬日早晨。他的想法是追踪五名患者，从他们受伤时刻起到最后结果出来，不管最终结果是好是坏。费格斯希望在这些患者中至少有一个是有意识的，如果幸运的话，或许还能与他（她）建立交流。

我对此持怀疑态度："这种事绝不可能发生！"

"但你不是对外宣称，说你的患者有多达五分之一是有意识的吗？"费格斯坚持说，"现在正是证明你想法的大好机会。"

有谁不爱费格斯呢？据我所知，他总是满腔热忱——对每件事都如此。不过他的提议却让我陷入艰难处境。BBC 摄制组将贴身记录我们研究的一举一动。如果找不到另一个有意识的患者，怎么办？如果我们没法再次和一个没有反应的患者进行交流，怎么办？那会是什么后果？人们会怀疑我们过去的研究和发现吗？这会破坏我们的整个研究计划吗？感觉有风险，不过对我们来说也是家常便饭。科学本来就是要冒很大风险的，外加一点运气。这一年，我们可能连续发现好几例有意识的患者，但下一年，我们可能接连几个月看不到一例。我回想起凯特，我们是幸运的——她是有反应的人之一。遇上卡罗尔也是我们的运气，还有约翰。幸运之神还会再次眷顾吗？还会在电视上重现奇迹吗？别无选择，只能放手一搏。

你疼吗

我同意拍摄,费格斯和他的团队飞来安大略省。BBC 的摄制组成员日夜跟着我,拍下我们在实验室的工作状态,拍下我的乐队"凌乱赤裸之窘(Untidy Naked Dilemma)"晚上在地下室里的排练场景,也拍下我和戴维尼亚决定扫描斯科特的对话。

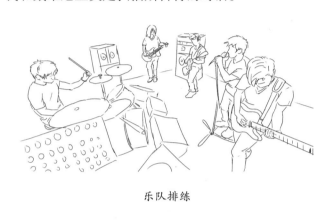

乐队排练

★   ★   ★

当斯科特躺在扫描仪里时,我和戴维尼亚一如往常地执行扫描工作。

"斯科特,请在听到相应指令时,想象自己打网球的情景。"

接下来发生的事,我现在想起来还会浑身起鸡皮疙瘩。斯科特的大脑在显示结果的屏幕上赫然呈现一系列彩色影像——他的脑区被激活了,表明他确实在回应我们的要求,想象自己在打网球。

"现在请想象在你自家的房间里走动,斯科特。"

斯科特的大脑再次做出反应,表明他就在那里,他的脑中正在做着我们要求他做的事情。斯科特的家人是对的,他知道周围发生的事,他有反应! 也许并不是像他们所坚称的那样,可以用他的身体作出反应,但是他的大脑可以作出反应! 这一神奇的时刻被 BBC 的镜头完整地捕捉到了。

接下来怎么办呢? 我们该问斯科特什么问题呢? 戴维尼亚和我紧张地面面相觑。我们非常想把这次扫描推进到下一阶段,问一些对他而言更有意义的问题。不是像他是否记得他母亲的名字这样务实而平淡的问题,而是一些有可能改变他生活的问题。我们曾讨论过很多关于询问患者身体有无疼痛对他们的好处。疼痛是一种完全主观的感受,只能通过自我报告来反映。我们已经用 fMRI 方法确定斯科特是有意识的,那我们现在可以用它来问他是否感到疼痛吗? 我试着想象他的回答。如果斯科特说是呢? 想到他可能已经在痛苦中生活了十二年,就让人骇意顿生,不敢往下细想。然而,这确实是一种可能。万一斯科特回答是,他很痛苦,我还真不知道该如何回应。还有他的家人,他们会有什么反应? 突然间,在现场跟拍的 BBC 摄制组增添了整个情况的复杂性,但这一点我无法改变,我得去和安妮谈谈。

我低着头以避开镜头,轻声问戴维尼亚:"你觉得我们要问吗?"

"要问,我们非问不可。"

我知道戴维尼亚是对的,我们非问不可。斯科特有权回答这个问题,他的家人也有权知道这个问题的答案。是时候做一些对我们的患者有利的事情了,是时候做点正确的事情了。如果斯科特感到疼痛,我们需要给他告诉我们的机会,还得设法来帮助他。

我起身慢慢走出没有窗户的控制室,走向我所知的安妮等候的地方。摄像机跟着我,我看到安妮站在门口,面带微笑。

我的心跳得很快,说:"我们想问问斯科特他是否感到疼痛,但我

你疼吗

想先得到你的允许。"

这是关键的一刻。这是我第一次问斯科特这类患者的家属，我们是否可以问一个可能永远改变患者人生的问题。毕竟，这十二年里，就算斯科特一直感到疼痛，也没有人会知道。很难想象他的生活会是怎样的。

我想我们大可直接问斯科特这个问题。但是，安妮就在控制室里，多年来，她付出了很多心力，始终怀抱希望，坚信斯科特还在，我知道我必须先征询她的意见，看看这是否是她想要的。我希望她亲口对我说："去问吧！"我希望这是她想要的，不论是为她自己还是为斯科特。

安妮抬头看着我。在整个过程中，她一直保持着坚忍，甚至是愉快的。我想她一定在多年前就已经接受自己儿子的状态了。

"去吧，"安妮说，"让斯科特告诉你答案。"

我回到扫描室，摄影人员跟在后面。空气中弥漫着一股紧张的气氛，在场的每个人都知道其中的利害关系，我们在把灰地科学推向更高层次。这不仅是科学的进一步发展，更是临床上的一次重大突破。我又一次想起了与莫琳的争论，关于应该为科学而科学，还是应该致力于临床护理，过去的情景一下子向我席卷而来。

"斯科特，你疼吗？你身上什么地方疼痛？如果不疼的话，请想象打网球。"

至今回想起那一刻，我仍会忍不住战栗。我们屏住呼吸，身体前倾，脊背在椅子上挺直。透过 fMRI 扫描室的窗口，我们看到斯科特在扫描仪闪闪发光的中空舱体中一动不动，身体像木乃伊。多台机器以极其精密的同步化方式协同工作，让我们的心得以短暂地碰触到对方,并问出最根本的问题:"你疼吗?"

我和戴维尼亚目不转睛地盯着屏幕,费格斯越过我的肩头静静地看着。从十五年前扫描凯特以来,我们已经走了很远。那时候,我们得等上一个多星期才能分析出结果。至今想来,我简直不敢相信,我们曾经要等上整整一个星期,才能得知患者是否有反应。2012年,结果几乎是瞬间就呈现在我们面前的电脑屏幕上。而且,看上去更酷。1997年,我们的"结果"只是一大串列在纸上的数字,告诉我们患者脑中哪些区域有激活,以及是否具有统计学意义。2012年,我们对患者的脑部进行了三维结构重建——栩栩如生的影像让你有种触手可及的感觉。脑激活图就像一块画布,上面用绚丽多彩的斑点描绘着脑的活动,这些美丽的图像生动地呈现出人脑工作的状态。

我们紧盯着眼前的屏幕,看到斯科特脑中所有褶皱和缝隙,包括健康的组织以及十二年前高速行驶的警车所造成的永久受损的组织。然后,我们开始注意到一些变化,斯科特的大脑开始活跃起来。鲜红的斑点开始出现,不是在随机的位置,而正是在我手指所指向的部位。

在等结果出来前,我指着闪亮的屏幕跟费格斯说:"如果斯科特有反应,我们应该会在这里看到他的反应。"而就是在这个部位,斯科特做出了反应!他在回答问题!更重要的是,他的回答是"不疼"。

顷刻间,整个房间里的人都沸腾了,祝贺声此起彼落。斯科特告诉我们:"不,我不疼。"

我竭力稳住自己的情绪,差点喜极而泣。眼前的情景让人头晕目眩——这是医学科学上的一次突破;它将在黄金时段向全球放送,全世界所有人将一起来见证这一振奋人心的时刻:斯科特一动不动

你疼吗

地躺在扫描仪里,而我的团队则手足无措地待在一边。BBC 的摄制组欣喜若狂;他们得到了他们想要的东西。但是,在那一刻,两年来的第一次,我觉得这些都不重要。这是斯科特的时刻,他终于被找到了,我们都是他的见证人。

过了一会儿,先前紧张的气氛慢慢消失了,大家都大大舒了一口气,所有人,除了安妮。

当我告诉她这个消息时,她异常淡然:"我知道他不疼,如果他疼的话,他是会告诉我的。"

我被她的话给噎住了,只有默默地点头。他们两个人的勇气完全征服了我。这些年来,她一直守护在他身边,坚持认为他很重要,值得被爱和关注,她没有放弃他,也永远不会放弃。

斯科特在扫描仪中的反应证实安妮知道的一切。她知道斯科特还在,而她是怎样知道的呢?我永远也不会知道,但她就是知道。

斯科特告诉我们他不疼的那个扣人心弦的时刻,成了 BBC 黄金时段纪录片《全景》中"读心术——解锁我内心的声音"这一集的重头戏。现在再次观看这一片段,我仍能感受到那天在扫描室里的紧张气氛。该节目赢得了不少奖项,也获得了全世界的广泛好评。但是,这件事的核心是比宣传和荣誉更重要的。它发现了一个人,一个活生生的生命,拥有自己的人生、态度、信仰、记忆和体验——他拥有自我意识以及对这个世界的感知,无论这个世界,至少从表面上对他来说已经变得多么奇怪和有限。斯科特已经沉默了十二年,一个沉默的生命,被锁在他的身体内,默默地看着周围世界的变迁。只有他母亲始终知道他就在那里,完好无损,一直是她认识的那个儿子。

那一天,以及随后的几个月中,我们通过扫描仪与斯科特进行了多次交谈。他表达了内心的想法,他的思维和我们的机器之间建立了神奇的连接,通过机器,他和我们进行了"对话"。就某种层面来说,斯科特重获了新生。他能告诉我们,他知道自己是谁,知道自己在哪里,知道自事故发生以来已过了多长时间;还有,谢天谢地,他向我们确认,他没有任何痛苦。

在接下来的几个月里,我们向斯科特提的问题都基于两个目标。其一,我们试图问一些有可能改善他生活质量的问题,以期尽一切可能帮助他。我们问他是否喜欢看有关曲棍球赛的电视节目。在他出事之前,就像许多加拿大人一样,斯科特是一个曲棍球迷,所以他的家人和护工会自然而然地将他房间里的电视频道调到曲棍球赛。但是,已经过去了十多年,也许他不再喜欢看曲棍球赛了?也许他已经受够了那么多场的曲棍球赛?如果是这样的话,那么确认他目前的节目喜好可能会显著提升他的生活质量。所幸,斯科特仍然喜欢看曲棍球赛,跟他出事前一样。

我在不同的患者身上已经见过无数次这样的情况;对他们休闲活动的选择主要基于他们在脑损伤之前所喜欢的。作为一名患者,如果喜欢重金属音乐,那么这就是在医院病床上消磨时间时可以听到的内容。问题是,许多年过去了,患者在他们的病床上可能已经从青春期进入成年期,但音乐并未改变,好像时间静止了一般。

我听说过一个故事。一名患者喜欢加拿大歌手席琳·迪翁(Celine Dion),且她只有席琳·迪翁的一张专辑。幸运的是,她后来恢复了。在刚恢复时,她对母亲说的第一句话是:"如果再让我听到席琳·迪翁的那张专辑,我会杀了你!"长时间一直听席琳·迪翁,谁的生活质量都会受到影响,更何况你还被困在床上,完全没有办法关掉它。这真是一个让人静静变疯的"良方"。

我们选的第二类问斯科特的问题是尽可能地探究他的状况:他知道什么,记得多少,还有什么样的意识。这些问题与他个人利益没有相关性,而是为了帮助我们深入挖掘灰色地带的奥秘。理解在这种处境下的人可能有哪些心理活动,对我们来说非常重要,因为没有人知道答案,于是,很多人都做出了错误的假设。

例如,在做完关于灰色地带患者的讲座后,我经常听到这样的评论:"嗯,我怀疑他们根本感受不到时间的流逝。""他们说不定完全不记得他们的事故。""我不认为他们知道自己正深陷什么样的困境。"

斯科特的回答推翻了这些质疑。他回答了所有这些问题,甚至更多。当我们问他今年是哪一年时,他准确地告诉我们,今年是2012年,而非1999年他出事的那一年。很显然,他对时间的流逝有着很好的感知。他知道自己是在医院里,他的名字叫斯科特。很显然,他很清楚自己是谁以及他在哪里。斯科特还能告诉我们主要照顾他的人的名字,这对我们以及我们对灰地科学的理解都非常重要,因为大家经常会问的一个问题是,患者在这种情况下还能记住什么。斯科特在事故发生之前不可能认识他的照顾者。因此,知道她的名字就是一个明确的证据,证明他仍能形成新的记忆。

形成记忆的能力是我们拥有时间感,感受生命流动,以及感知自己在持续进行的事件中所处位置的核心因素。试想一下,假如你每天醒来,却完全记不起自事故发生以来,如十年前,发生过的事情。你会有何感受？你的护士可能日夜照顾你长达十年之久，但对你来说完全像一个陌生人。你可以很好地回忆起家人和朋友在你事故发生之前的模样，他们好像都突然老了十岁。而你的家，假设你仍然住在原来的地方，会感觉好像一夜之间全变了样——过去这段时间发生的每一次变化，每一块被粉刷的墙壁，每一件被移动或更换的家具，所有这些变动似乎都发生在你睡着的那段时间里。

更糟糕的是，如果事故发生后搬了家，你全然不知自己身处何地！这跟一种称为顺行性遗忘症的疾病的症状非常相似。患有顺行性遗忘症的患者通常无法形成新的记忆，而他们"旧的记忆"——那些在他们失忆前就已经形成的记忆——基本保持完好。最著名的顺行性遗忘症的案例是亨利·莫莱森（Henry Molaison），或称 H.M.，这是他广为人知的代称。1953 年，为了治疗持续性癫痫发作，H.M.接受了一次手术——医生切除了他左右脑的海马体及其周围位于颞叶内侧面的皮质。结果，尽管还能较好地回忆起他童年时期的事情，但亨利再也无法记住他生活中任何新的事件。我们对海马体及其周围脑区对记忆所起作用的了解大部分可以追溯到 H.M.那次相当不幸却不得不做的手术。

在英国，另一个著名的顺行性遗忘症的案例是克莱夫·韦尔林（Clive Wearing）。在 1985 年 3 月之前，他是一名成功的音乐家，在 BBC 广播电台担任古典音乐节目的专业顾问。后来，他感染了一种单纯疱疹病毒，该病毒侵入他的大脑，导致他的海马体受损。在脑部受损后，他再也无法存储任何超过半分钟的新的记忆。他每天每隔二十秒左右就会"惊醒"，"重启"他的意识流。他已经完全丧失了时

你疼吗

间感。每次见到他的妻子,他都会欢快地跟她打招呼,尽管她可能只是在几分钟前刚离开了一下房间。克莱夫经常报告说感觉好像刚从昏迷中醒来。他一直生活在当下这一刻,就好像一座漂浮在时间洪流中的意识孤岛,完全不知道他周围的世界正在发生的变化。这真是一场噩梦,矛盾的是,他的失忆症也让他永远不会知道自己所处的困境。

鉴于亨利·莫莱森和克莱夫·韦尔林这样的案例,我们认为确认斯科特的意识并非一座漂浮在时间洪流中的孤岛十分重要。我们觉得有必要去知道他不仅能记得过去的事,还能了解当下的现状,并且明白今天将是明天的昨天。我们想知道斯科特仍有时间感,知道在不断向前走的时光里,今天发生的每一件事都将影响这条时间线上的其他事件,同时又被它们所影响。

斯科特一次又一次重返扫描中心,接受我们关于灰色地带情况的询问,其间,他的母亲安妮始终保持着开朗和支持的态度。显然,所有这些行程并非都是为了改善斯科特的生活质量,有些是为了科学研究。我们尽可能让两者达到平衡,在询问一些可能有助于改善他生活质量的问题时,同时兼顾问一些可能有助于我们理解并改善灰色地带中许多其他患者生活质量的问题。

安妮似乎明白这一点。我猜想,她从前担任过实验室的专业技术人员,这一经历也许能让她理解这样的平衡,理解我们需要在对患者有利的事情和对科学有利的事情之间保持平衡。不过我从未开口问过她。

★　　　　★　　　　★

2013 年 9 月,斯科特因车祸意外造成的多重并发症而离世。这样的结果非常普遍,就算在脑部严重受损很多年的患者身上也很常见。医院的每间病房里到处潜藏着大量令人憎恶的病毒、细菌和真菌,在这种环境中会削弱人体免疫系统的功能,使人体极易受到肺炎等疾病的侵害。在与感染抗争了数周后,斯科特在帕克伍德病逝。

这个消息震惊了我们整个团队。我们和斯科特共同度过了很长时间,早已视他为家人。我们从未与他进行过真正的对话,但奇怪的是,我们都觉得我们了解他,他已深深触动了我们。我们深入探访了他在灰色地带的生活,他的回答充满了力量和勇气,让我们对他的敬佩之情油然而生。他的生活已经与我们紧密地交织在一起。

在斯科特的葬礼上,我见到了安妮和吉姆,很高兴再次见到他们,尽管我希望不是在这样的场合。殡仪馆挤满了人。斯科特的遗体躺在一个尚未合盖的棺材里,摆放在会场的最里面。亲朋好友从各地赶来悼念。尽管他的内心禁锢在无法动弹的躯体里长达十四年之久,与世隔绝,但在他去世时,许多人仍然感觉跟他之间有着难以磨灭的深刻羁绊。

吉姆问我是否愿意看看斯科特。我有些不知所措。我参加过许多葬礼,但在我的祖国英国,未合盖的棺材很少见,我从未有过这样的经历。我不确定该怎么做。但是,我非常敬重吉姆和斯科特的亲属,所以我还是去见了斯科特最后一面。

我有一种奇妙的感受。从很多方面来看,斯科特看起来还是那样。我一直不认识真正的斯科特,那个曾经过着充实而幸福的生活,

你疼吗

会走，会说，会笑，行动自如，畅行世界的男孩，直到他二十六岁，一切突然永久地从他身边消失。我只认识出事后的斯科特，身体毫无反应的斯科特，这个斯科特现在就躺在我面前。我突然意识到，这个灰色地带，这个许多患者所在的地方，是真正生与死的边界。它离死亡很近，有时很难分辨出两者之间的区别。对我来说，斯科特仍以某种方式待在那里，即便实际上他已经远走。

★　　　★　　　★

在斯科特的讣告网页上，我写道："过去几年有机会认识斯科特是我莫大的荣幸。他对科学所作的巨大贡献将永垂史册，并将深深镌刻在我们所有认识以及更多不认识他的人的生命和心中。"

费格斯·沃尔什写道："遇到斯科特是我的荣幸——他是一个杰出而意志坚定的人。尽管身有残疾，他能用大脑与外界沟通，我们对此作了报道，让全世界看到或听到他的故事。在此谨代表 BBC 团队向安妮和吉姆致以最诚挚的哀悼。"

我们和斯科特及其家人建立起的感情与我们团队之前或之后的其他经历不同。部分原因在于，安妮和吉姆坦诚且充满善意，乐于与我们分享他们的世界，让我们走进他们的生活。更重要的原因是，斯科特自己建立并巩固了我们之间的纽带。第一次与一个已有十多年无法与外界交流的个体沟通是一种非凡的体验，能一次又一次地进行这样的沟通更是神奇。斯科特让我们进入他的世界，我们跟他一起大笑，一起开玩笑，也一起哭泣。当通往他内心的大门随着他的离去而砰然关上时，我想我们所有人心中的某个角落也跟着他一起死去了。

第十一章

活着还是放手

我要一饮而悄然离开尘寰，

随你隐没在幽暗的林间。

——约翰·济慈（John Keats）

斯科特的死提醒了我，现实生活中有很多危险。他是被一辆飞驰的警车撞伤的，过了十四年才去世。开车很危险，在美国，每年公路上有约三万七千人死于车祸。对每场事故来说，大多数受害者都不会死，至少不会立刻死在路边。有些人会陷入灰色地带，逐渐衰弱直至死亡。为什么会这样？他们是怎样陷入那样的境地的呢？他们为何不能恢复？他们又为何不是立即死亡？他们怎么就卡在那么一个可怕的中间地带呢？

在灰色地带的边缘探测了十五年，对这些问题我仍然没有答案。为何有的人脑会停机而有的则不会？有些人天生就容易复原吗？脑中的某个部分是最关键区域吗？如果是的话，是哪个部分呢？

对灰色地带的探索反而给我们带来了更多问题。我们发现，很

154

活着还是放手

多门都通往灰色地带。一条常规途径是错过了那个也许可以称为机会之窗的恢复的黄金时间窗。在患者严重脑损伤后送到医院的一段时间内,通常是几天到几周,他们的预后——即有不错恢复的可能性——是完全不确定的,因为每个脑袋的损伤都是不同的。

在这段黄金时间窗内,患者通常需要使用生命维持系统。他们很可能插着管子——一根弹性塑料管从他们脖子上开的一个洞中插入气管,以维持呼吸;他们也可能用着呼吸机,通过往肺部压入、吸出空气来为身体提供氧气。在这些了不起的技术出现之前,患者只能在严重脑损伤后死去,但机器提升了患者存活的机会,帮助患者度过最初的几天。有人确实活了下来。他们的身体重新启动,但脑功能没有恢复,至少没有完全启动。是人类自己创建了灰色地带,至少是大大增加了患者在那个地带存活下来的可能性。

每个人都有可能进入灰色地带,不过以前的人可能不会在那里存活太久。一个史前人类在脑袋遭受重击后很可能会被击晕过去,就像拳王阿里(Muhammad Ali)拳下的大多数有胆挑战他的那些人一样。很多不幸的拳击手如果无意识状态持续超过几分钟,便会陷入"昏迷"——对任何形式的刺激持续无响应,睡眠—觉醒周期消失,不能发动任何自主行为。没有现代医疗技术,史前人类能从昏迷状态中转醒的概率很低;且不说其他,没有营养和水分,其状况会迅速恶化,并很快死亡。的确,从持续性昏迷中存活下来的概率至今仍然不高。对像斯科特这样的患者来说,他进急诊室时格拉斯哥昏迷量表得分为4,所有现代医疗技术都用上了,他还是有87%的概率会死亡或永远处于植物状态。而对史前人类来说,他能活着度过这段时间并能侥幸进入灰色地带的概率几乎忽略不计。

在 20 世纪 50 年代人工呼吸机发明之前,还是有一些处于灰色地带的患者的。古希腊记载有一种称为卒中的情况,和我们现在所说的植物状态出奇地相似:"这个健康个体突然感到疼痛,很快便不能言语,喉咙咯咯作响。他的嘴巴张开,如果有人叫他或摇晃他,他只会发出呻吟声,但无法理解任何事,他还会小便失禁,却毫不自知。如果接下来没有发烧现象发生,七天内便会死亡;如果有发烧现象发生,通常能醒过来。"

从古希腊时期到 20 世纪,对这类患者的认识、诊断和治疗并没有发生多少改变。20 世纪中期,开始出现其他一些描述性术语,包括"醒状昏迷(coma vigil)""运动不能性缄默(akinetic mutism)""沉默不动(silent immobility)""去皮质综合征(apallic syndrome)""严重外伤性痴呆(severe traumatic dementia)"。这些术语描述的到底是不是同一种状态,我们完全没有概念,因为(即使是现在也仍然如此)每个患者的情况都不一样,所以他们症状的确切模式也有很大差异。这也解释了这些术语没有被广泛使用的原因。1963 年,大家开始使用"空心人(pie vegetative)"这一称谓;1971 年开始用"活死人(vegetative survival)"的称谓;1972 年四月愚人节那天,布莱恩·詹妮特(Bryan Jennett)和弗雷德·普拉姆在《柳叶刀》上发表了一篇具有里程碑意义的文章,引入"持续性植物状态(persistent vegetative state)"的称谓,并很快成为常用医学用语。

★　　　★　　　★

对送进神经重症监护室的现代社会的患者来说,如果他的检测结果很差,显示他可能很快会死亡,或者永远不会恢复到值得活下去

第十一章

活着还是放手

的生存状态，医生便会建议家属"撤除生命维持系统"——关闭呼吸机，或者说白了就是拔管。某些家庭，可能是那些完全相信医疗机构的家庭，或者是那些知道即使是最好的情况也非他们所爱之人所愿的家庭，他们会毫不犹豫地同意拔除插管。

对另外一些家庭来说，决定就会困难得多，他们会整日整日地陷入内心的挣扎。于是问题来了：如果，在"机会之窗"的这段时间里，患者恢复到可以自己维持生命的程度——他们不再需要借助呼吸机活着了——那么，拔管的机会便错过了。他们进入灰色地带，仅仅拔除插管不再能结束他们的生命，只有通过撤除他们的食物和水才能结束。

撤除食物和水与拔管有着微小却很重要的法律上的区别，关键在于我们是否将食物和水视为一种"医疗手段"。呼吸机显然是一种医疗手段，在某些案例中（如当再无康复可能时），关掉呼吸机便是一个相对容易的决定。但是，食物和水是一种医疗手段吗？一些司法机构认为是，另一些则认为它们是一种基本必需品，或者说是一种权利，不能被剥夺。有一个因素无疑会影响这些观点，即移除维持生命的手段后多久才能让人死去。关闭呼吸机后，由于脑缺氧，患者通常在几分钟内死亡。撤除营养和水分意味着将患者饿死，可能会长达两周。

在哲学家、伦理学家和法学家的心中，从拔除插管到撤除食物和水的转变虽然微小却十分重要。现在患者家属需要决定的不再是是否让患者活着，而是是否要帮他们去死。

最近，我和我的朋友兼同事梅尔·古德尔（Mel Goodale）在伦敦皇家学会一起组织了一次关于意识与脑的会议。会议的主题是如何最好地测量意识。有很多大师级的思想家与会，包括哲学家、认知神经科学家、麻醉学家以及机器人技术工程师等。就在我们齐聚一堂，思考怎样最好地测量意识时，大家开始对另一个话题展开了激烈的讨论：我们对意识和人的理解是如何影响我们处死一条生命的轻易程度的。这似乎和这条生命的物理形态以及行为方式密切相关，看它是否和人类的形态以及行为类似。

想想煮贻贝，很少有人会在将一包贻贝扔进沸水时产生犹豫。以任何标准来看，这都是结束生命的十分残忍的方式。然而，贻贝长得和人类完全不一样，它们没有手、脚或任何类似人类的特征；它们到处移动，和它们周围的环境不断地互动，行为表现和人类大相径庭。

再想想龙虾，问题就有点棘手了。很多人受不了生煮活虾，更愿意到市场上去买预先煮好的。龙虾同样不像人，但与贻贝相比，它们还是更像人一些。它们有腿，也有与人类手臂类似的螯——至少从功能上来看很相似。像人类一样，它们会抓东西。它们还有眼睛，如果你仔细观察，很容易便能说服自己，和贻贝不一样，它们仿佛是有脸的。龙虾也在它们的环境中到处移动，并与之互动，尽管互动方式与人类明显不同，但确实又跟人类的某些行为类似。

我不打算沿着这条思路继续想下去，只想说我十分肯定，很少有人能心安理得地将一只猴或猿丢进沸水中。为什么？为什么我们更乐意将贻贝煮死而非龙虾？显然，在我们煮贻贝或龙虾时，这些生物某些物理形态产生的一系列行为驱动着我们做决定时的感受——同样是煮，却因为它们是两种不同类别的甲壳类动物而出现了差异。

我相信，这些感受的核心，在于我们觉得这些生物有多少意识。

活着还是放手

龙虾可能比贻贝更有意识,因为它更像人类。但是,我们有证据吗?正如前面所说,我们关于意识的假设大多数基于行为而非某些确定的生物学事实。即使有科学证据证明龙虾比贻贝更有"意识",我也怀疑有多少人是看了相关文献才对宰杀它们有了不同的感受,我想,大多数人更倾向于依赖自己的直觉来判定。

但是,哪里是临界点呢? 如果你愿意,也可以称之为进化临界点。决定我们认定其他生物是否有意识的界限在哪里呢? 如果大多数人认为贻贝没有意识,而猴和猿有意识,那么在这两类物种之间的某个进化点一定有意识(或至少是我们直觉下的意识)涌现。有些人乐意煮龙虾而有些人则不愿,这提示我龙虾就在那个关键临界点附近。而大多数人都不认为贻贝有意识,所以将它们煮死,很少有人会受不了。

★　　　　★　　　　★

在临床上,患者家属不得不做一些痛苦的决定,从无意识到有意识的关键节点主导很多决定的做出。躺在重症监护室的病床上,患者很少有像我们正常人一样的行为。他们几乎不动,也几乎没有和环境互动的迹象。尽管并非长得像贻贝,但他们的行为与他们脑损伤前相比却更像贻贝。在外观上,我们所熟知和喜爱的很多基本人类特征都发生了不可思议的改变:脸被毁容了,四肢无可挽回地被损坏、扭曲,甚至都失去了。

这些因素无疑都会影响我们对他们是否有意识的判断(就像影响我们判断非人类的其他生物一样)。如果患者不再有人类的行为举止,甚至长得都不再像人类,我们很容易认定他们也不会像人类一样思考。进一步，这些因素会影响我们在决定我们所爱之人应该生还是死时的难易程度。与已毁得不成人形的患者相比，拔除身体保留完好的患者身上的插管是否更不容易？在莫琳的哥哥菲尔和我的一次会面中，他告诉我，多年来他们全家一直痛苦地纠结着，是给她治疗各种并发症更好，还是该放手让她自然死亡，就像很多跟她类似的案例一样？我不知道她完好的身体情况是否让这一决定更加不易，但我确定这种情况没有让决定更加容易。

我们知道，如果患者错过机会之窗，陷入灰色地带的植物状态——似醒却无觉知，那么家属很难做出结束他（她）生命的决定。如果患者还残存一些身体反应，即使如电光火石般转瞬即逝，也表明那具无响应的身体中还有生命迹象，那就完全不可能结束他（她）的生命了。

我们结束某条生命的意愿与我们对生命的理解密切相关——在严重脑损伤后一切都尘埃落定之时那条生命还有多少残存呢？正如我们现在所知的，仅凭外观来判定生命的有无是不正确的——一个人还有多少残存跟我们看到的面前躺着的病体通常没有很大的相关性。

2014 年，六十多岁的亚伯拉罕发生了一次严重中风。那天，他突然头疼，开始呕吐，并且出现意识紊乱。他的妻子立刻将他送往急诊室。CT 扫描显示，他有大量的脑室内出血——血液流进脑深处充满液体的颅腔（或脑室）。他随即被麻醉、插管，并送进重症监护室（ICU）。进一步扫描发现，他前交通动脉（之所以叫这个名字是因为

活着还是放手

它连接脑中左右半球的两个主动脉）上的动脉瘤或血管壁薄弱处破裂，导致周围脑区严重损坏，包括左前额叶。

我们给亚伯拉罕做扫描时已是他中风后二十二天，他正从昏迷转向植物状态。他会偶尔睁眼，并且开始进行一些自主呼吸。他个子很高，我注意到他的脚指头都快伸出病床了。

这天对我们实验室来说是十分重要的一天。我的研究生洛蕾塔·诺顿（Loretta Norton）正在做一项全新的试验，她尝试为脑损伤后不久还在 ICU 的患者进行扫描。这些患者的体征尚不稳定，不像那些通常已受伤几个月甚至几年的患者，如我们在 1997 年开始首次扫描时遇到的凯特。这些患者命悬一线，他们的生命是用小时和天数，而不是用周和月来计算的。如果我们有可能找到一种新方法来改善这些患者的诊断，甚至能更准确地预测谁可能死亡或谁更可能存活，这都将是重症医学上的一项重大进展。尽管有很大的危险性，我们还是获得了伦理委员会的批准，对这些十分脆弱的群体开展探索性研究。

令我感到不寻常的是，亚伯拉罕曾经向他的妻子清楚地表明，如果他不得不依赖生命维持装置活着时他会想要什么。但是，他没有预先立好遗嘱，即以法律文书形式写明，如果患者已不能自理且没法表达自己的意愿时，希望接受什么样的医疗护理。但是，他和他的妻子曾详细讨论过这个问题，他的立场十分坚定，他明确表示过，他绝不要在植物状态下生存。他的妻子在他被收治时将他的愿望告诉了护理人员和医生，她遵循他先前的意愿行事。于是大家开始讨论何时及如何让亚伯拉罕离开人世。

当需要做出决定时，院方会派出专业团队与家人见面，确保他们都理解这些问题。这支队伍通常包括一位最可靠的医师（通常是神经科医师)、一位资历稍浅的住院医师、一位护士和一位社工。在考虑所有选择后,如果家人同意撤除生命维持装置,大家就会确定一个时间,一般在十二至二十四小时内,也可以推迟,让家人或朋友做最后的告别。有时候,如果所有人都在场,这一决定会立刻执行。家人会被告知所有流程,他们通常可以陪患者走完最后一程。医生会开出一剂止疼药——有时称为舒适剂,不用这种药剂,患者往往会出现不舒服的反应,经常会喘气。给完舒适剂后,医生会逐渐或立即关闭呼吸机(这一步操作不同医生会稍有不同)。不管是止疼药的注射还是呼吸机的撤除都不会阻止患者自主呼吸,他们通常都会自己开始呼吸——一般只会持续较短时间,但有时会持续数小时,死亡是一件不可预测的事。

对亚伯拉罕来说不幸的是,他和他妻子一直积极参与教会的活动,而这所教会信奉生命是神圣的观点。事实上,亚伯拉罕的牧师一直待在 ICU,他宣称让亚伯拉罕活着是"上帝的旨意"。也许亚伯拉罕对终点有自己明确的想法,但根据他牧师的意思,上帝对他另有安排。碰到这种情况,最后的决定权还是在患者代理人手里,在这个案例中就是亚伯拉罕的妻子来做最终决定。她决定,尽管亚伯拉罕有过具体指示,还是不应该让他离开。当听到这一决定时,我感到震惊,并且微感不安。

"我已经失去我丈夫了,"她说,"如果我不按我牧师的话去做的话,我还会失去我的教会。"

★　　　★　　　★

情况越复杂决定越难做;关于生、死和灰色地带的决定往往会带

活着还是放手

来一系列伦理和道德问题。根据我的经验，没有任何两种情况是相同的。在特丽·夏沃的案例中，她丈夫和她父母之间关于特丽意愿的分歧引发举国上下的争论，这类案例的处理会或多或少影响人们的认知。在加拿大，有亚伯拉罕，有我们自己的小型夏沃事件。

这两个案例同样困扰着我。作为一个不相信存在制定规则的更高权力的人，我认为基于"上帝的旨意"来做决定太不理性——你也可以用掷骰子来决定。然而，究其根源，我确实理解亚伯拉罕妻子的难处。如果用"她最好的朋友"来代替"教会"，亚伯拉罕妻子所处的困境便会更容易理解，宗教信仰的复杂性可以完全被去除。如果她让她丈夫死去，她最好的朋友会跟她断绝关系，那么很可能在她丈夫走后，她的社交活动和她最佳的支持力量便会无可挽回地被破坏。然而，与夏沃不一样，亚伯拉罕先前的意愿很明确——他不想继续活在他当下的状态中。在我看来，这点胜过其他一切，包括我们和最好朋友之间的持续关系——个人的意愿最为优先，即使它与未亡人的意愿不能契合。

一如我先前所言，每个案例都是不同的。我最近卷入一起诉讼案，是关于一名五十六岁的加拿大男性。这名患者，我们就叫他基思。2005 年 9 月，四十九岁的基思和他的妻子以及三个小孩遭遇了一场严重车祸。他的长子当场死亡；他自己遭受严重且不可逆的脑损伤；他的妻子和另外两个孩子也是身心受到重创，不过都恢复得不错。基思被诊断为植物状态。直到 2012 年，他的妻子认为是时候说再见了。她让基思的护理人员撤除他的鼻饲管，这样几天后基思就会离世。基思的兄弟姐妹强烈反对这一举动，并将她告上当地法院，请求法院阻止她这样做，他们还要求法官撤销她担任她丈夫决策代理人的资格(可能为了防止她将来再做出类似的决定),并要求将这一权利转给他们。

法官仔细考虑了这一情况,最终驳回了他们的申诉。在这场车祸之前,基思和他的妻子已经结婚十二年,且有三个孩子。因此,让他的妻子作为他的决策代理人完全合理,而且她或许也是最能为他着想的人。在我看来这十分合乎情理。决策代理人自然有其成为决策代理人的充分理由,如果仅仅因为其他人或组织对如何安置那位无法表达自己意愿的人有异议就剥夺其代理人的职责,这未免太不合情理。

遗憾的是,事情并不总是那么简单的。最近另一起案件一路告到了加拿大最高法院。案件的主角叫哈桑·拉索利(Hassan Rasouli),是一位六十一岁的伊朗工程师,他在 2010 年与妻子和两个孩子一起移民到加拿大多伦多。同年 10 月,他做手术去除脑中的良性肿瘤时发生感染,造成严重脑损伤。多位医生判定,他已经没有恢复的希望,生命维持装置只能徒劳无功地延续他的生命,而且会出现一系列不断恶化的并发症及感染等,所有这些需要花费一笔昂贵的治疗费。所以,他们建议撤除生命维持装置。作为决策代理人,患者的妻子帕丽切尔·萨拉赛尔拒绝签署同意书,她向医疗人员引述了他们夫妻俩信奉的什叶派教义,并认为她丈夫的一些动作表明他仍有一定程度的微小意识。

正如加拿大全国性报纸所报道的那样,我们几个月前已经对哈桑进行了扫描,fMRI 的扫描结果同样表明他具有最小意识——他能想象打网球和想象在自己家里走动,尽管这一表现并不稳定。我们还对他进行了行为评估,如他可以用眼睛跟随镜子移动;在他面前放

活着还是放手

一张家庭照时,他可以盯着照片。同样,这些反应也不稳定。尽管如此,仍有很大可能,并且经验丰富的医学专家也认为,他没有任何明显改善的机会,且会继续大量消耗加拿大医疗资源。最高法院作出的最终裁决是,在没有患者、家属或决策代理人同意的情况下,医生不能单方面做出撤除患者生命维持装置的决定。即使医生是对的,即使他们是为了"患者的最佳利益",即使他们有多年的相关专业经验,他们的意见也决不能替代决策代理人的想法——至少在加拿大是如此。这是全新的领域,全世界各个地方都在根据一个个案例建立起相关法律。

★　　　　★　　　　★

涉及生存权和死亡权之争,在美国会引发很多争议。除了特丽·夏沃,还有两件著名的案例深刻地影响围绕"死亡权"的一系列法律和伦理问题。

1975 年,家住美国宾夕法尼亚州斯克兰顿市的凯伦·安·昆兰(Karen Ann Quinlan)去新泽西州当地一家酒吧参加一位朋友的生日聚会。聚会上,她喝了几杯烈酒,还吃了几片安眠药。由于凯伦一直在节食,已经几天没吃东西了,加上酒和药物的作用,没多久她就说有点晕,于是被送回家睡觉。当朋友再发现她时,她已经停止了呼吸。他们立刻叫来救护车,入院时她已处于昏迷状态。

凯伦的父母,约瑟夫和茱莉亚要求医务人员断开她的呼吸机——她经常会剧烈挣扎,她的父母认为是呼吸机导致了她的疼痛。医生拒绝了,他们担心如果按照凯伦父母的意思去做,他们会面临谋杀罪的指控。凯伦的父母提起了诉讼,要求撤除他们女儿的呼吸机,他们认为这种延长生命的方式十分奇怪。在法庭上,凯伦方的律师申诉,凯伦死亡的权利应高于国家维持她活着的权利;法院为她指定的辩护人认为,撤除她的呼吸机无异于谋杀。最后,法官驳回了凯伦方的诉讼。在向新泽西州高等法院提出上诉后,他们的愿望终于得到了实现,凯伦·安·昆兰被撤除了呼吸机。而接下来发生的事情是他们始料不及的,也是很不幸的。凯伦开始自主呼吸,并且在当地一家疗养院又活了九年,一直靠鼻饲管维持生命。她的父母并没有试图将其撤除,因为与呼吸机不同,他们并不认为这是一种"奇怪的延长生命的方式"。凯伦于 1985 年因呼吸衰竭而去世。从很多方面来看,她的案例都标志着美国死亡权运动的开始,并且至今一直是法院、伦理委员会和哲学家讨论的话题。

　　美国另一个重要案例的主角是南希·克鲁赞(Nancy Cruzan)。1983 年,南希二十五岁,她驾驶的车子突然失控,最后冲进了一条满是水的水沟里。昏迷三周后,她进入植物状态,并被插上鼻饲管。五年后,她的父母要求撤除她的鼻饲管,但医院不同意,理由是这会导致她死亡。在南希发生事故的前一年,她曾跟她朋友说过,如果她生病或受伤,除非还能过基本的正常生活,否则她不希望继续维持她的生命。基于此,地方法院同意了南希父母的要求。然而,和凯伦·安·昆兰案完全相反的是,密苏里州高等法院撤销了初审法院的裁决,裁定在没有完整的预立遗嘱的情况下,任何人不得代表当事人本人拒绝治疗。

　　南希的案子最后上诉到美国联邦最高法院,法院以 5∶4 的表决

活着还是放手

结果维持了密苏里州高等法院的原判。美国联邦最高法院表示,美国宪法没有任何条文阻止密苏里州要求家属提供"清楚而令人信服的证据"后再终止维持生命的治疗。像南希这样的案件中,"清楚而令人信服的证据"是必需的,因为家人可能不总是做出患者同意的决定,而这些决定(如撤除生命维持装置)可能会造成不可逆转的后果。

根据这一裁决,南希的家人收集了尽可能多的证据,用于证明南希处于她现在这种情况下一定会希望结束生命的,并且说服了当地郡法官,判定他们已达到了提供"清楚而令人信服的证据"的标准。1990 年圣诞节前夕,根

本院宣判,任何人都不得代表当事人拒绝治疗。

法院宣判

据地方法官的裁决,南希的鼻饲管被拔除。后来,又发生了一些意外的情况。在南希鼻饲管移除后的几天里,十九名生存权运动的代表来到她所在的医院病房,试图给她重新插上鼻饲管(他们后来都被捕了)。最终,在 1990 年圣诞节后的第二天,南希·克鲁赞离世。六年后,她的父亲自杀。

★　　　★　　　★

尽管这些案件令人十分震惊,但它们既说明其所涉及的法律问题的复杂性,也说明严重脑损伤的深远影响,不仅对患者家庭,而且对整个社会来说都影响深远。像特丽·夏沃一样,昆兰和克鲁赞都让整个国家出现两极分化。很多重要问题由此提出,拒绝治疗、自杀、协助自杀、医生协助自杀和"让某人死亡"在法律上有何区别? 政

府在这些决策中扮演什么角色？应该由患者最亲近的人,主治医师还是由那些可能对生存、死亡及介于两者之间的状态有着自己偏好的政府官员来做决定呢？还是应该完全遵从患者以前的嘱咐或"预立遗嘱"？如果是应该的话,当没有这样的遗嘱时我们该怎么做？某些人认为,凯伦·安·昆兰和南希·克鲁赞的案例代表死亡权和生存权之争的最高水准;另一些人则认为,人们已在滑坡上走得太远,以至于变成一场彻头彻尾的谋杀。

★　　　　★　　　　★

再说基思,那个全家出了车祸的加拿大男子——我有机会参与他的诉讼案是因为他的兄弟们看过我的研究成果,所以找我提供专家意见,询问基思能否去安大略省伦敦市做 fMRI 扫描,如果能的话,这是否有可能检测出他的意识。他们还想知道,是否能通过扫描来问基思他的意愿是什么。

想象一下,我们把基思带到伦敦,并将他放进我们的 fMRI 扫描仪,甚至更进一步,我们发现他是有意识的,而且能回答是非型判断题。我们以往的研究证明这在技术上是可行的。基思在遭受脑外伤时还比较年轻且身体健康——我们现在知道所有这些因素都有利于出现 fMRI 的阳性反应。基思很可能有意识,并能交流。如果借助 fMRI 扫描仪,基思告诉我们,他想活下去,跟他妻子的意见相反,那该怎么办？如果亚伯拉罕能站在他妻子这边,向牧师明确表示他想要结束生命,那又该怎么办？

你也许会想,某人遭受严重脑损伤并被认为处于植物状态,如果他(她)突然能告诉你他(她)想死,我们就应满足这份心愿。难道处

活着还是放手

于那种境地的人不应该拥有明确的死亡权吗？我只能遗憾地说，答案没有那么简单。

如果一个健康人走到你面前，宣称他想死，你的第一反应难道不是会质疑他是否头脑清醒吗？如果不是他的头脑，至少要了解一下他当前的心态吧。也许他只是很沮丧，不能做出一个理智的决定。即使能确定他心智健全，你难道不想看看一天或一周后他会不会改变心意吗？也许他这几天过得很糟糕，等过一段时间后，他这种极端的异常状态可能会消失。

即使这一状态一直持续下去，即使你是一名医生，而你的患者日复一日、周复一周地来到你面前，跟你说他想死，你又能怎么做呢？答案是什么都做不了。大多数人所处的社会不允许我们同意以及协助自杀。那么，为何一个遭受了严重脑损伤的患者就应该有所不同呢？对"你想死吗"的提问，回答"是"可能是某种潜在的心理或精神状态不稳定所致。想死的意愿可能只是暂时的，明天或一年后他们还会这样想吗？

不管什么情况，为何仅仅因为一个人身处灰色地带，社会就可以给我们更多自由去拔管呢？是否应该允许只是他（她）有想死的意愿就让其死亡呢？作为社会，我们通常都会说不，但现在的技术能让身陷灰色地带的人自己来决定是否继续活下去。最起码，既然我们知道很多患者并非像他们看起来那样没有意识，我们在替他们做决定前就应三思而后行。

史蒂文·洛雷和他的同事开展了一项研究，表明我们现在所想的（"请不要让我活在灰色地带状态"）并非灾难降临时我们实际的想法。他的团队调查了九十一名闭锁综合征患者——这类人意识完整,但只能通过眨眼或垂直眼动来跟人交流。他们完成了一份关于他们病史、现状和对结束生命的态度的问卷。研究还评估了他们的生活质量,用的是一个从+5(相当于他们闭锁状态前生命中最佳时期的幸福程度)到-5(相当于他们有生以来最差时期的幸福程度)的量表。和大多数人预计的相反,大部分患者(给回应的人中有72%)都报告他们很幸福。不仅如此,患有闭锁综合征的时间越长,这一群体越感到幸福。

虽然大多数人声称,如果脑损伤后进入"闭锁"状态,就不想活了,但是洛雷和他的团队调查后发现,整个群体中只有7%的人表达了安乐死的意愿,这表明,我们先入为主地认为如果最坏的情况发生后我们可能会怎么想,这些想法都是错误的。相反,大多数闭锁综合征的患者对他们的生活质量感到相当满意——真正经受过死亡的人,死亡并非他们常做的选择。

诸如这样的研究显然并不完美。史蒂文团队在研究开始前找了一百六十八名患者,其中只有九十一人做出了回应,很多对他们的生活最不满意的人可能选择不去完成这份问卷。这是"选择偏差(selection bias)",即由于某些原因,你获得的样本并不能代表你正在评估的整个群体。选择偏差会产生误导性结果。

尽管如此,这已是目前最好的研究,并且数据表明,很大一部分长期的闭锁综合征患者都报告说他们的生活是有意义的,而想要安乐死的人数却出人意料地低。我们通常认为这样的生活"不值得过",但这两个结果都与此相悖。面对这么多年来我所遇到过的患者及其家人,我发现这些结果令人惊讶又让人安心。我开始思考,怎么会这样的呢?怎么会有这么多这类患者感到幸福呢?这没有道

活着还是放手

理啊。

正如史蒂文和他的团队在他们论文中所写的,可能这些"乐于现状"的闭锁综合征患者已经重新调整了他们的需求和价值观。就像残奥会运动员在面对身体的残疾时仍能取得胜利,似乎这些患者已经找到了体验生命的新方式,获得幸福的新途径。

这项研究给我们提出这样一个问题:我们是否有能力来判定在严重脑损伤后我们可能想要什么? 那么,预立遗嘱会不会很危险?想象一下,你留下的是"不要救我"的遗嘱,而你那时是有意识的,但人们在执行你的遗嘱时却是违背你(当下)的意愿的,这会是一件多么可怕的事。

技术正在飞速发展,终有一天,我们能以可靠、廉价且高效的手段,直接在患者的床边(甚至是意外现场)检测意识,找到它存在于哪里。我们将能找到患者尚有的存在,和他们建立起联系,并评估他们的意愿。然而,我们是否会按他们的意愿行事,那是另一回事。

亚伯拉罕一直待在医院,直到死于多种长期的并发症及感染。六个月后,他的妻子似乎已顺利走出丧夫之痛,因为她还有教会和家人的陪伴。

2013 年,按照基思妻子的意愿,基思离开了人世,他的兄弟姐妹被邀参加了葬礼。

直到截稿之日,哈桑仍然活着,住在多伦多的一家医院。

给你看阿尔弗雷德·希区柯克

我有治疗喉咙痛的绝佳疗法：割掉它。

——*阿尔弗雷德·希区柯克*（Alfred Hitchcock）

到 2012 年为止，我们已持续七年要求人们在扫描仪里想象打网球的画面。我们已经证明，有相当一部分像卡罗尔一样被诊断为植物人的患者，可以通过大脑激活状态的改变来表明他们其实有意识或有觉知。这部分人几乎占了 20%。我们甚至要求过几位高度知名人士在扫描仪里想象打网球，如美国电视新闻主播安德森·库伯以及以色列总理阿里尔·沙龙。有一些徘徊在灰色地带的患者，如斯科特，他们只需要通过想象打网球便能与外界进行沟通。想象打网球已经从一个在剑桥大学夏日花园里想出来的天马行空的小点子，变成一种名副其实的开展科研和媒体活动的行业方法。它似乎是解决艰巨临床难题——找出被禁锢在灰色地带患者的绝佳方法。

数据开始出现一种模式，提示我们可以做得更好。我们发现有

给你看阿尔弗雷德·希区柯克

几位患者无法在扫描仪里想象打网球——或者保守点说是我们未能检测到他们是否在想象,但是,他们可以做其他事情向我们表明他们有意识。我们不清楚其中的原因。马丁·蒙蒂在剑桥开发了一项非常棒的 fMRI 任务,证明部分无法想象打网球的患者可以按照要求,将自己的注意力放在某张面孔或某栋房屋上——这是他们能遵从指令的明确证据。这项任务依赖于这样一个事实:我们的大脑有专门的区域分别来处理脸部和空间的信息。

前面提到过,对人脸进行识别时,脑中一个名为梭状回的区域会被激活。1997 年,我们向凯特展示人脸照片时,她的梭状回被激活。另一个名为海马旁回的脑区处理有关空间的信息。2006 年,我们让卡罗尔想象她在自家的各个房间走动时,她的海马旁回被激活。

马丁的实验以一种相当巧妙的方式将这两个已知事实结合起来。他将一张患者不熟悉的房屋的影像重叠在一张陌生人脸的照片上,当躺在扫描仪中的患者看到这张叠加的照片时,注意力可以放在人脸的特征(如眼睛和鼻子的形状等)或房屋的特征(如前门的位置和窗户的数量)上。

完成这个任务比你想象的要容易得多。尽管人脸和房屋的影像重叠在一起,但看到的仍然是独立的图像,而非两者组合成的一个图像。例如,你不会看到一栋长着眼睛的房子,或一张镶着窗户的脸。你会看到一张完整的脸,或一栋完整的房子,这取决你的注意力在哪里。如果你专注于窗户,你就只会看到房子,几乎看不见人脸。如果你专注于眼睛,房子就会变得不可见。你也可以创造类似的效应:坐在汽车的前排,透过挡风玻璃看外面的一件物品,如另一辆车。尽管这两件重叠的物品(挡风玻璃和另一辆汽车)在你的视网膜上形成单个影像,但你的大脑会将它们分开处理。你不会看到挡风玻璃上叠有汽车,而只会看到挡风玻璃或窗外的汽车,这取决于你将注意力集中在哪里。

马丁用他精妙的实验展示的是,如果要求躺在 fMRI 扫描仪里的健康受试者先将注意力放在人脸上然后放在房屋上,他们脑中的激活区会从梭状回变到海马旁回,转变的节点正是在注意转换的时刻。而神奇之处在于,在整个过程中刺激(人脸和房屋的混合图像)一点都没有变,唯一发生变化的是受试者的关注点。这是一项能衡量他们遵循指令能力的测试——就像想象打网球或想象在自己家里走动的任务。马丁发现,有些患者可以按指令执行这项切换任务,却无法完成网球任务。我们不清楚原因,但我认为,对某些患者来说,在想象打网球和想象在自己家里走动的任务之间切换需要太多的认知能力,非常耗费精力。特别是,他们还必须在漫长而无聊的五分钟的 fMRI 扫描过程中,每三十秒做一次。而我们都明确知道,所有的脑损伤都会降低执行有认知需求的任务的能力。

即使只是轻微的脑损伤,也许并不会严重影响日常的大多数基本能力,但肯定会影响执行相对困难任务的能力。这是因为与诸如记住某人的名字这样简单的任务相比,执行诸如心算这样较高难度的任务,需要更多的认知资源——说白了,就是需要更多的脑力。设想睡眠不足对第二天生活的影响。简单(或熟练)的任务,如喂猫甚至开车,都很容易执行,这些行为不需要太多的认知资源。但是,如果你想要填写退税申报表或安排一次家庭旅行,很

给你看阿尔弗雷德·希区柯克

快就会发现自己应付不过来。因为与喂猫或开车相比,这些行为需要耗费更多的认知资源,所以,当你的脑袋无法良好运作时——如当你没有足够的睡眠或头部遭受重创时,你处理这些任务的能力会受到最大的冲击。

只是简单地将注意力在人脸和房屋之间切换明显感觉比花三十秒的时间想象打一场激烈的网球赛要容易。也许想象打网球对某些患者来说太难了。我们测不出他们的意识,不是因为他们没有意识,而是因为我们要求他们做的展示他们有意识的任务,对他们来说太难了。

尽管马丁的任务更容易,但它有其自身的问题。专注于人脸或房子需要你对眼睛有很好的控制,但这一点对大多数患者来说做不到。他们无法控制自己的眼睛看向哪里,更不用说去注意眼前混合图像的特征。显然,我们需要一种与此不同的扫描任务,这项任务可以始终捕捉到所有有意识患者的意识,无论他们是否已经耗尽了认知资源。

洛里纳·纳吉(Lorina Naci)是跟我一起从英国来加拿大的一位博士后,她是阿尔巴尼亚人。之前在剑桥时,她已和我的朋友兼同事罗德里·丘萨克(Rhodri Cusack)结婚,我是他们的证婚人。2011年,罗德里获得西安大略大学脑与心智研究所的教职,并将他的实验室搬了过来。所以,洛里纳也一起来到加拿大。他们有一个儿子名叫卡林,比我儿子杰克逊小几个月。

自从罗德里来到脑与心智研究所,洛里纳、罗德里和我就一直在努力开发更简单的检测意识的新方法。我们开发的重点是,设计一项对患者来说更容易完成的任务,可以让我们或多或少在一个没有反应的身体中自动检测到意识,而不是想方设法让患者以某种方式向我们"报告"他们有意识。

从理论上来看,前者和后者有着重要的区别,对我们的研究来说也越来越重要。诸如打网球这类任务无法直接测量意识,也不能告诉我们任何关于意识本身的重要信息,只能让我们知道它存在。马丁叠加人脸和房屋的任务也是如此。这些方法测量的是哲学家所谓的可报告性——在我们这个语境里,也就是能报告自己有意识的能力。问题是,有些患者可能因缺乏足够的认知资源,有意识却无法报告,即使在 fMRI 扫描仪中通过他们的脑活动来报告都不能实现。所以,仅仅因为他们不能告诉我们他们是有意识的,并不意味着他们没有意识。从哲学角度来看,这正是困扰我们多年并一直试图解决的问题:如何在缺乏可报告性的情况下测量意识呢?以往我们一直在解决缺乏生理上可报告性的问题,但是,会不会心理上的可报告性也是一个问题呢?

对罗德里来说,这点对他自己的研究很重要——他正使用 fMRI 尝试绘制新生儿的意识发展图谱。杰克逊和卡林在他们一岁前接受的核磁共振扫描比大多数成年人一辈子做的都要多。婴儿是有意识却无法报告的最佳范例,他们肯定有一些意识,却因为还不具备内省能力或语言技能而无法报告他们有意识。简单来说,你不可能让一个路还不会走的小孩想象打网球,因为大多数人连网球是什么都不知道,也不明白你要求他们"想象"是什么意思。想要有效评估婴儿的意识,你不能寄希望于他们的报告,而是需要更直接地从他们的脑活动中解读出意识的踪迹。

2012 年,我们开始领悟到,我们需要对看似植物人的患者采用同样类型的方法。不是让他们在扫描仪里执行像想象打网球这样的任务,而是更直接的意识测量方案,一个比我们以往使用的任务更直接、更简单的方案。

我们的需求将我们引向一个全新的令人兴奋的方向。我们逐渐开发出一套让患者躺在扫描仪里观看好莱坞电影就能进行意识检测的技术。这个想法源于约十年前一位以色列同事的一项研究,这项研究与脑损伤或意识障碍无关。他们给躺在扫描仪里的健康受试者播放电影,并注意到,随着情节的展开,每个人的脑活动会出现同步的变化,同一脑区会在同一时间点被激活或抑制。就表面来看,这个现象十分合理。当电影中枪声大作,我们的听觉皮层,即监测声音的那部分脑区就会被激活;由于电影院里的每位观众都在同一时刻听到枪声,所以他们的听觉皮层都会在同一时刻被激活。

电影中许多常见的其他桥段也是如此。例如,当荧幕上特写某人的脸时,每个看着那张脸的观众,其脑中的梭状"面孔区"都会被激活。跟随镜头中的场景,也许是坐在一辆高速行驶的汽车中在街道间穿梭的画面,我们脑中处理"空间信息"的海马旁回就会与邻座的观众同步激活,因为每个人的大脑都在对电影中的各个地点进行定位和编码。就这样,在观影期间,观众脑中的大量区域都会随着剧情同时被激活或抑制,反映出他们对荧幕上呈现的故事有着共同的意识体验。

这个非凡的现象,即当我们观看同一部电影时,所有人的大脑有同步反应的现象,给了洛里纳、罗德里和我一个灵感,让我们彻底改变了未来几年检测藏在灰色地带的意识的方法。如果我们的扫描发现,植物状态患者在看电影时,其脑活动与观看同一部电影的健康受试者的脑活动出现了同步化,就是一个合理的证据,表明患者有同样丰富的意识体验。如果他们在看电影时具有相同丰富的意识体验,我们就可以进行合理推断,他们对自己的人生也有同样丰富的意识体验。电影通常是另一种人生的写照,特别是那些情节围绕人际关系展开的电影。当一部电影吸引你时,它会抓住你的意识。你会身临其境,沉浸在影片所创造出来的意识空间中,而这小小的意识空间之外的现实世界则消失了。优秀的电影会捕获我们的注意力,并控制我们的意识体验。

我们认为自己可能误打误撞发现了一种比想象打网球要简单得多的更直接的意识测量方法。我们唯一要做的就是给患者播放一部电影,并用我们的 fMRI 扫描仪监测他们的脑活动。如果他们看电影时的脑部活动与健康个体相同,那么这表明他们很可能有意识。

在我们形成一个可行的方案前,洛里纳花了很多时间去解决所有在理论和操作层面碰到的问题。最大的一个问题是,我们该选择哪部电影?我们试了很多部电影,发现有几部电影比其他的效果更好。我们对查理·卓别林(Charlie Chaplin)1928 年的经典作品《马戏团》(*The Circus*)寄予厚望,其中有一幕他被困在狮子笼里的搞笑场景。受试者都很喜欢这部电影,但遗憾的是,他们大脑对这部电影的同步反应并没有我们预期的那样强烈。以我们的目标来看,最佳的电影应该有过人的剧情,清晰且引人入胜的叙事,再加上性格鲜明的

给你看阿尔弗雷德·希区柯克

人物角色。

我们这样要求是有道理的。如果你要以同样的方式捕捉每个人的意识，那么你必须让每个人的注意力随着场景和人物的变化同时转变，并且让每个人的思绪随着剧情同步转折。你必须让每个人都全身心地投入，并且尽可能一致地投入。基于这些考虑，戏剧的张力也许能帮助我们。最后这个落点让我们想到了悬疑大师阿尔弗雷德·希区柯克。

人人都爱看阿尔弗雷德·希区柯克的电影。事实证明，他的电影比其他众多的电影都吸引人。这可能是因为他的电影是由推理、恐怖、悬疑和冲突等元素构建起来的。希区柯克电影的宗旨就是让观众产生一致的意识体验，这主要是通过让他们调动相似的大脑加工来实现的。因为每位观众都会观察事件的发展，并试图去厘清不同事件之间的关系，这就让他们一直沉浸在剧情中。希区柯克电影的悬疑性是通过对一波三折的情节的理解而产生的，而不是通过许多现代（我认为是次等）电影中常见的一系列声光效果来实现的。那些充满声光效果的电影也会引发大脑活动，但与希区柯克的电影无法相比，其电影里特有的在引导性情节与误导性情节中的微妙变化，正是造成两者之间差异的主要原因。

我们选择了一部希区柯克在 1961 年制作的黑白电视短片，名为《砰！你死了》（*Bang! You're dead*），这个讽喻故事我一直记得。这部电影讲述一名五岁男孩发现了他叔叔装有部分子弹的左轮手枪，他不知道枪的威力，在家里和公共场合拿着它到处玩耍。随着引人入胜的情节逐渐展开，观众越来越相信这把枪必定会不小心走火，打死某个倒霉鬼。

　　洛里纳招募了一组健康受试者观看这部电影，同时对他们进行扫描。影片对他们的大脑产生了神奇的影响——我们看到他们的脑活动是高度同步的，每个人的大脑对剧情中所有转折点的反应几乎一模一样。我们选好了电影！现在万事俱备，只欠病人。

　　劳埃德明斯特是阿尔伯塔省的一个小城市，位于埃德蒙顿以东约两小时路程的地方，1997 年 8 月，十八岁的杰夫·特伦布莱在位于那儿的一个朋友家外面遭到殴打。他的父亲保罗是赫斯基能源公司的一名运营协调员，据他所说，杰夫是一个外向的少年，有很多朋友，工作努力，不过还不确定在高中毕业后想做什么。

　　改变他们一家生活的那场变故发生在一家夜店。案发当晚，杰夫和夜店已离职保镖的前女友相谈甚欢，当时那名离职保镖也在店里。后来，杰夫和那个女孩离开夜店，准备去朋友家看电影，那名离职保镖也尾随过去，并大声喊住了杰夫。随即，那名离职保镖将杰夫打倒在地，在杰夫跟跄起身时，又一脚踢在他的前胸。这一脚导致杰夫心脏骤停并昏倒。他被送到劳埃德明斯特的当地医院，之后被直升机转往埃德蒙顿。

　　出差在外工作的保罗在事发后第二天的清晨得知消息，立即飞往埃德蒙顿。到了医院，他发现他的儿子昏迷不醒，靠生命支持系统维持生命。他当下的念头是，像杰夫这种状况的人大多凶多吉少，就算能逃过一劫，也会一辈子处于植物状态。杰夫的几位医生劝保罗考虑拔管。

　　三周后，杰夫从昏迷中醒来，开始自主呼吸，并恢复了觉醒—睡

给你看阿尔弗雷德·希区柯克

眠周期。但是,他对外界毫无反应,被诊断为植物人。

保罗不断在劳埃德明斯特和埃德蒙顿之间往返奔波。当杰夫第一次从昏迷中恢复时,"他看起来目光呆滞,"保罗说,"他的眼中看不到任何生命力,没有任何表情,什么也没有。"

有一天,保罗坐在床尾的椅子上,守着睡觉的儿子。"我当时在做一个填字游戏。我每天都会祈祷情况好转,但是什么都没有发生。有一刻,我抬头看向杰夫,他也睁开眼睛看着我,突然间露出一个大大的微笑!他的眼中有了生命力。这真是太神奇了,仿佛从他睡着到醒来的这段时间里,他脑中短路的线路终于被接通了。他认出了我,我知道他回来了。好像他之前去了很远很远的地方,现在回来了。"

但是,他仍然被诊断为植物状态。杰夫无法对指令做出任何回应,医生也找不到任何证据,用于证明他具有保罗明显觉察和强烈感受到的那种迹象。

后来,杰夫被送回劳埃德明斯特,并住在库克医师延伸护理中心。

2012 年,杰夫遭受攻击已过去十五年,保罗仍然在搜寻关于脑损伤的资料,渴望能找到一些方法,帮助他证明他儿子是有意识的。那个时候,杰夫已经三十出头,身体健康状况良好,但不能说话或遵循基本的指令。

保罗在网上看到一篇报道我实验室研究的文章,立即给我发了一封电子邮件,信中写道:"我十分希望能让杰夫做一下意识测试。

如果结果可以证明杰夫理解我们对他说的话,我和他的哥哥都会非常高兴。我相信这也会让他更加好受。我确定他能听懂我说的话,但是我没有有力的证据。我想知道他是否活在痛苦中,是否感到快乐或悲伤,想知道他知不知道我们有多么爱他和想念他。只要你们同意为他做检测,我一定会全力配合你们。"

我们答应了保罗的请求。2012年7月,保罗租了一架商用飞机把他的儿子从阿尔伯塔省的埃德蒙顿运送到两千英里之外的安大略省的汉密尔顿,汉密尔顿距离伦敦市约80英里。一辆救护车将他们送到帕克伍德医院。保罗安顿好杰夫后,住进了街对面的"西部最佳兰姆莱特旅馆"。

保罗回忆这次旅行时说:"杰夫在整段旅程中的反应令人惊叹。当空姐解释安全规定时,他转过头注视着她。我觉得他什么都知道,并为他能如此流畅地做出反应而感到惊喜。"

杰夫安全抵达帕克伍德后,我的团队对他进行了评估。我们让他看一支笔——没有反应;让他看一面镜子——仍然没有反应;让他伸出舌头——还是没有反应。但奇怪的是,他确实表现出一些"视觉追踪"的证据:当一张扑克牌在他面前移动时,他的目光似乎偶尔会跟着卡片移动。临床上,我们将杰夫的这种状态归为"最小意识状态"。然而,我的团队找不到证据证明他意识清醒,也找不到任何迹象表明他能进行交流。

但是,我们了解到的一件事又让我们重拾希望,那就是保罗为他儿子形成的每周惯例。十多年来,每个周末,保罗都带着杰夫去看电影,让他坐在铺有红色坐垫的轮椅上,推着他穿过劳埃德明斯特市中心,去往"May Cinema 6"多映厅影院。听上去有点不可思议的是,保罗确信杰夫——这个在我们看来最多是处于最小意识状态的年轻人——看得懂大银幕上的所有情节。保罗说，杰夫一般比较喜欢看喜剧片，而且是《宋飞传》(Seinfeld)的忠实粉丝。一方面我认为保罗可能是在自欺欺人地相信杰夫有意识，另一方面又觉得杰夫可能偏好的这部喜剧很有意思。《宋飞传》里没有一般喜剧常见的浮夸搞笑的肢体动作，它的笑点不会明言，而是基于构建起来的人物关系，并且随着剧情的推进才会体现出来。

第二天，我们派了另一辆救护车去帕克伍德接杰夫和保罗，将他们带到扫描中心。保罗是一个英俊的高个子男人，一头鸽灰色的短发。他站在病床旁边，然后，杰夫被推进将扫描仪与外面世界隔开的重型安全门里。杰夫脸庞瘦削，头发非常短。他看上去很警觉、很清醒。当他倚着枕头坐在病床上时，头会歪向一边。我心想，这趟和他儿子的旅程保罗肯定付出了极大的爱和决心，他一定希望我们能让他们带着好消息回家。我向杰夫说明接下来的 fMRI 扫描和他将要看到的影片。这是一个奇妙的时刻，像是电影中发生的片段。我们即将在这个特别的患者——一位观影经验丰富的观众——身上尝试我们新的希区柯克任务，这是一个巧合，让人觉得只有在电影中才有可能发生。

杰夫进入扫描仪后，我不禁想知道阿尔弗雷德·希区柯克的影片是否最终会让保罗得到他想要的结果——证明他的儿子杰夫有意识。那将是多么奇特的反转啊。所有那些周末、所有那些电影，杰夫可能都有完整的体验，就像你我一样，而他周围的人对此却仍然浑然不知。

我走出控制室，来到等候室，保罗在那里耐心地等待着。"我们刚刚放了阿尔弗雷德·希区柯克的电影给杰夫看,"我告诉他,"我们想看看这能否激活他的大脑。"

在 fMRI 扫描室中,《砰!你死了》正在杰夫脑袋上方的屏幕上播放。我们知道屏幕上的影像会通过安装在他眼前的镜子呈现给他,但我们无法确定他是否在看。影片结束后,我们将杰夫从扫描仪的舱体里拉出来,并将他送回帕克伍德过夜。

★　　　★　　　★

我们花了几天时间用于分析数据,所用的程序比我们用于网球任务的程序更加复杂,洛里纳当时仍在努力解决各种问题。没有任何指南告诉我们该如何分析。我们该如何检测一个人看电影时的脑活动状态,并确定这个人是否在有意识地观看呢?我们不知道,因为过去没有人做过这样的分析。我们分析过控制组的健康受试者的数据,但我们知道他们是有意识的——而分析杰夫的数据还需要解决更多问题。我们只有在分析的过程中对方法进行不断修正。当结果出炉时,我惊呆了。虽然与我们的健康控制组相比,杰夫的脑活动略有减弱,但是在他看电影时,所有对的脑区都在对的时间被激活。当声效出现时,杰夫的听觉皮层活跃起来;当镜头的视角改变或小男孩在屏幕上出现时,杰夫的视觉皮层被激活;最重要的是,在情节的所有关键转折处——那些对充分理解剧情来说必不可少的地方——杰夫额叶和顶叶的反应就跟意识清醒者的反应完全一样。杰夫真的在看电影!不仅如此,杰夫真的在感受这部电影!我们用阿尔弗雷德·希区柯克的电影表明,十五年来一直被认定处于植物状态的杰夫,就像你我一样有意识,而且能够感受和欣赏这部电影。所有那些周末、所有那些电影、所有保罗的努力都没有白费。我们根据杰夫的大脑反应推断出这一点。

★　　　★　　　★

　　我们怎么知道杰夫真的有意识呢？对科学研究来说，魔鬼总是藏在细节中，在本案例中细节来自希区柯克先生表达剧情的手法。《砰！你死了》所激活的脑区跟我们日常意识体验所涉及的脑区没有什么不同，洛里纳对健康受试者的研究已向我们证明了这一点。一部有很多吵闹的铃声和口哨的电影无疑会刺激观看者的听觉皮层，但是这并不意味着患者有意识，正如我们从黛比和凯文的扫描中认识到的那样。同样地，一部光影交替、场景变换的电影也必定会激活大脑的视觉皮层，同样，这很可能只是大脑的自动反应，和患者是否有意识地体验到了这些变化无关。

　　《砰！你死了》这部影片比前面所描述的电影更加微妙，微妙之处正是我们用于检测意识的优势。该电影的情节具有几个特别的元素：枪及其伤人的危险性、各主要角色的处境（有的可能射杀别人，有的可能被射杀）以及心理学家所说的心智理论（theory of mind），即我们感知他人心理状态，理解他人可能与自己有着不同的信仰、欲望、意图和观点的能力。要想完全看懂《砰！你死了》，就必须用到心智理论，因为你必须意识到，虽然你（作为观众）知道枪是真的，但那个小男孩却以为它是玩具。这就是为什么这部电影如此让人提心吊胆——小男孩很喜欢和他的小牛仔朋友们一起玩打仗游戏，但他不知道这次他手中的枪是真的，但你是知道的。

　　目前已知脑中有很多区域与我们的心智理论相关，而其中必不可少的一个区域位于左右脑半球中央的前侧额叶。1985年,我在剑桥的同事西蒙·巴伦·科恩(Simon Baron-Cohen)和他的同事首次提出自闭症儿童缺乏心智理论。这些孩子的许多问题似乎都来自他们无法理解身边其他人的想法。事实上,正常发育的三四岁以下儿童是否有心智理论,存在巨大争议,非人类物种也是如此。

除了心智理论,观看《砰!你死了》还会引发其他各种复杂的认知加工,它们与意识相关或提示意识存在。例如,你必须调用你的长时记忆才能知道那个男孩手里拿的是什么(一把装有子弹的枪)以及它的用途(杀人)。如果一个以前从未见过或听说过枪的人观看这部电影,他们就不会害怕,因为他们根本不知道那个男孩拿着的是非常危险的杀人武器。在他们眼中,这就跟挥舞着一根香蕉没有什么区别。

我们对枪支的了解让我们对拿枪的孩子心生恐惧,枪能杀人并能引发战争。我们还拥有对儿童的全面的心智理论:他们不了解枪支,他们不知道枪会杀人并能引发战争。这些知识储备是我们观影时提心吊胆的基础。如果孩子手中的枪没有子弹,我们就不会恐惧;如果是一个成人(特别是有责任心的人)拿着枪,不管它有没有子弹,我们恐惧的程度都会比看到孩子拿着枪更低;而不管有没有子弹,枪对猴子来说都不比香蕉更可怕(除非那只猴子亲眼看见过猎人用枪杀死其他猴子),因为猴子不具备丰富的背景知识,不能产生像我们一样对世界的意识感知,在这部电影里,也就是看到一个荷枪实弹的天真孩童而产生的恐惧。我们的意识内容——或者,更准确地说,是我们对周围世界的意识感知——不是由我们是什么样的人或什么样的物种决定的,而是由我们的经历决定的,这真是太有意思了。

给你看阿尔弗雷德·希区柯克

★   ★   ★

杰夫在扫描仪中对《砰！你死了》做出的惊人响应，对我们来说是一个里程碑式的事件。我们首次证明，不同个体相似的意识体验产生的脑活动，可用于推断身体无反应的患者有无意识觉知，而无须自我报告。杰夫需要为我们做的只是躺在扫描仪里看电影。要明确的一点是，我们并没有读出他具体在想什么，而是发现不管他想的是什么，这些思维活动都跟观看同一部电影的健康个体的思维活动非常相似。

2014年，我们在著名期刊《美国国家科学院院刊》(Proceedings of the National Academy of Sciences)发表了杰夫的案例以及我们测量意识的新方法，这又吸引了一波媒体的关注。洛里纳接受了多家电视新闻的专访，并在世界各地的电台和报纸上谈论这项研究。众人对这项研究成果给予相当正面的回应。看来，自从多年前我们第一次向公众展示神经影像可用于检测一些被认为是植物人的患者拥有潜在的意识，媒体和科学界已逐渐接受了这个想法。就算有人对此仍有异议，也只是少数。

我们的发现对杰夫的哥哥杰森来说非常重要，他告诉我们："我现在会更加热情地与他交谈。我仍然想知道哪些事情是他能理解的，哪些是他不能理解的。"

杰森让他的弟弟"要加油，不要放弃"。他说："我不知道这样说是不是有点自私，但是，那种失去某人却又没有真正失去他的感受是很痛苦的。我想让他知道他对我来说有多么重要啊。这是新生的杰夫，这就是他。"

现在杰森知道杰夫一直能明白自己对他说过的每句话。"在你十八岁或二十一岁的时候，你不会说'我爱你'之类的话，"杰森说，"你的检测证实了后来我私下对他说的那些话他都听到了，知道这点，真是感觉太美好了。"

第十三章

死 而 复 生

一切都死了，宝贝，这是事实，

但所有死去的也许有一天都会回来。

——布鲁斯·斯普林斯汀(Bruce Springsteen)

2013 年 7 月 19 日，胡安整晚和朋友聚在一起，到午夜才回家。他自己做了些点心，跟父母道了晚安后回卧室，一切似乎都很正常。但是，第二天早上 6 点半，事态便大大偏离了正轨。玛格丽塔被距她几码远的房间里的声音吵醒，那是她十九岁的儿子呛住快窒息的声音。她冲进房间，发现他没有反应，面朝下躺在自己的呕吐物上面。

胡安被送进多伦多南部当地一家医院的急诊室。CT 扫描显示他脑部的白质有大面积损伤，包括额叶和顶叶，这些区域对工作记忆、注意力及其他高水平认知功能至关重要；他的枕叶也受到影响——大脑后面的这块区域对视觉十分重要；他大脑深处称为苍白球的结构也损伤严重，苍白球在自主运动中起着关键作用，其正常功能的破坏是造成帕金森症症状的因素之一。

　　脑缺氧通常会导致这种损伤,它是广泛而且弥散性的,健康和受损组织之间没有清晰的界限。当氧气耗尽时,脑便开始一点点罢工,直到残存的功能组织不足以维持最原始的身体功能,如呼吸、行走等。胡安还没有到这个程度,但也不远了。入院时,总分为 15 分的格拉斯哥昏迷量表他只有 3 分。如果还没有死亡的话,不可能低于 3 分。

　　两个月后,胡安对任何形式的外部刺激仍然完全没有反应,被宣布处于植物状态。他只能通过管子接收水和食物。他的父母从第一天起就一直陪在他的床边。他们带着胡安来找我们,希望我们可以告诉他们更多有关他的病情,甚至可以对他将来的情况作出一些预测。

　　对我的团队来说,胡安与我们看到的大多数患者没有什么不同,如醒着,但似乎没有意识,完全没有反应。我们给他做 fMRI 扫描,希望扫描结果能给我们更多有关他脑部状态的信息及恢复的可能性。我们让他想象打网球,没有脑区激活;我们让他想象在自家的房间里走动,也没有脑区激活。

　　洛里纳给他尝试了希区柯克的任务。胡安的大脑会对《砰! 你死了》的曲折剧情有响应吗? 扫描的结果比较模棱两可。胡安的听觉皮层对电影的声音有着明显的反应。但是,奇怪的是,他的枕叶,也就是脑中负责视觉的区域没有反应。也许胡安的脑损伤已扩展到枕叶(或视觉)皮层,使他失明了,我们无从得知。但是,如果胡安看不到这部电影,那么他的意识就跟不上电影情节,我们就看不到他脑中额叶和顶叶区域的活动,而我们需要根据这些活动来判定胡安的意识。两天后,我们再次给胡安做了扫描,重复了所有流程,每位患

死而复生

者都有再做一次的机会。我们用上了所有手段,但还是一无所获。

四天后,胡安和他父母回去了,对我们来说他仍然是个谜,就像他刚来时一样。

★　　　★　　　★

七个月后,我的研究协调员劳拉·冈萨雷斯·拉拉(Laura Gonzalez-Lara)致电玛格丽塔,询问胡安的近况。我们对所有的患者都有这样的安排,因为有些人确实会随着时间的推移而有转好,我们需要尽可能密切地掌握他们的进展。同时,这也是我们与患者家属保持联系的一种方式。做完评估后就将患者送走,只是简单地说一句"非常感谢您,我们也没有别的办法了",这样我会深感不安。通常我们对案例本身确实无能为力,但如果什么也不提供——没有后续追踪,没有进一步调查,没有希望——就是感觉不对。

"胡安怎样了?"劳拉问。

"你何不问问他自己?"玛格丽塔回答,"现在胡安可以说话、刷牙、吃饭、走路了。"

当劳拉告诉我这些时,我差点从椅子上掉下来,简直难以置信!"你的意思是他恢复了吗? 他死而复生啦!"我惊呼。我一兴奋用词就会比较夸张。

"显然是这样的。"劳拉回答,言辞简约。

我从来没有见过或听到过任何一个哪怕和胡安的恢复有一点点类似的案例。偶尔会有患者从植物状态转为最小意识状态,也就是从"无反应"转变为"部分时间有部分反应"。像我的第一个患者凯特一样,胡安又可以说话了。但是,和凯特不同的是,他已经可以走路了。

191

　　胡安的康复让我怀疑当初他被扫描时是否真的处于植物状态。他真的从灰色地带回来了吗？还是他根本就没有去过灰色地带？也许他那时只是身体暂时性瘫痪——无法挪动四肢，给人一种处于植物状态的错觉，实际上他只是不能做出反应而已。我检查了他的病历——我们从他的咨询医生那里获得了他所有的检测和扫描的副本。在他生病期间给他做检查的几位神经科医师和治疗师都明确地描述了他的病情，所有人都认为胡安遭受的严重脑损伤导致了他的植物状态，而 CT 扫描也显示他脑损伤的程度很大。

　　于是我召开了一次紧急实验室会议。所有从事脑损伤的工作人员，无论他们是否见过胡安，都聚集在西安大略大学脑与心智研究所一间小型研讨室的那堆副本材料前——至少有十几位同事、学生和博士后，我想收集尽可能多的意见。显然，我们要尽快让胡安回到伦敦市，对他重新进行评估。如果我们有所耽搁，他可能会继续他的生活，再也没有兴趣帮我们回答我们迫切想知道的问题了；也许更糟，他可能复发，又重新回到七个月前我们首次评估他时的状态。

　　我特别想知道：他还记得从去年来伦敦市扫描时起都发生了什么吗？这不仅是为了满足我的好奇心。在过去的许多年中，我们一直会看到有患者比他们临床表现出来的更有意识，但我从来没有遇到过能在事后描述自己当时在扫描仪中体验的人。当你有意识而周围的人都认为你处于植物状态是一种怎样的体验？

　　当时胡安有试图挪动身体、说话或想给出某种信号告诉大家他还有意识吗？我想知道，当我们对胡安使用各种临床仪器和诊断工具时，像他这样的患者会有怎样的感受。更重要的是，还有什么能比当事人的自我报告更能说明他当时是有意识的呢？如果胡安能描述

第十三章

死而复生

他躺在 fMRI 扫描仪里新奇而异常的经历,那么我们就可以肯定当时他是有意识的。否则,他哪里来的这种体验呢? 在胡安的案例中,这点很重要,因为他的扫描是没得出结论的,根据扫描数据我们找不出证据表明他是有意识的,但是还有比他自己告诉我们更好的证据吗?

我们开始为胡安设计一系列测试,看他能否记得他和我们的任何经历。从科学研究的角度来看,这并不像它看上去那样直接就能测出来。因为我们必须重建他七个月前造访我们的所有情景,以便确定我们应该问他的内容。试想,如果有人介绍了一个新朋友给你认识,你想知道你们两个人是否在七个月前参加了同一项活动。例如,一次聚会,你会怎样做呢? 你会不会先问他是否记得聚会上还有谁? 或许你会给他看一张聚会所在公寓的照片,问他还有印象吗?

这种方法的问题是,如果他给的答案都是"否",那该怎么办。他认不出聚会上的某些人或举行聚会的场地,并不意味着他当时没有参加。也许他只是观察力不敏锐或记忆力很差。我就不记得七个月前参加过的聚会,更不用说聚会上出现过的人或聚会的举办地点。即使我真的记得七个月前曾参加过的聚会,也很难确定眼前这个人是在这次聚会上见到的还是在其他聚会上见到的。

记得谁在某个特定场合下出现过及当时的环境,这是一个不常见的记忆类问题。如果我们只需要记住一件事,在一个场合记住一个地点和一张脸,那很容易。问题是,在一整年中,绝大多数人参加过好几次不同的聚会,与会者也不尽相同,有的聚会可能会在一些新颖独特的地方举办,但大多数不是。所有这些都导致心理学家所说的"干扰(interference)":对人物、时间和地点的记忆产生混淆。我们的记忆会随着时间的推移而变得有些混淆。

　　所幸,就胡安的情况来说,我们有许多有利因素。对大多数人来说,接受 fMRI 扫描不会像参加聚会那样频繁(不过想找例外的话,请看我实验室的成员)。对胡安来说,那次扫描一定是他此生绝无仅有的经历。同样地,那个星期我们给他做的其他检测——神经病学检查和脑电(EEG)评估——对他而言可能都是独特的经历,不会受到其他类似情况的干扰。他在那个星期见到的任何人、去过的任何地方,都是他平常不可能碰到的,这些都是我们用于探寻他记忆的最佳线索。我们可能遇到的问题是,如果他什么都不记得,并不意味着他当时没有意识。但是,如果他至少记得曾躺在扫描仪中,见过我的学生,并被要求观看希区柯克的电影,我们便有充分的证据证明他确实有意识。

　　我们列出了我们带他去过的伦敦市的所有地方,包括医院、救护车及罗巴茨研究所的扫描室;还列出了曾给他做评估的人员的名单:我的研究协调员劳拉、还在写硕士论文的研究生史蒂夫及运营 EEG 实验室的我的一位博士后达米安·克鲁斯(Damian Cruse)。我们找到了那些地点和人员的照片,又收集了一系列与之匹配的场所和人脸作为控制组。控制组图片中的地方胡安从来没有去过,如我们脑与心智研究所的实验检测室;胡安也没有见过图片中的人,都是当时实验室里做其他项目的研究生。

　　我们必须做好实验设计,因为我们只有一次机会。我们只有有限的人和地点可选,一旦给胡安展示了这些照片,就没法再用于做测试了,因为我们再也不能确定他是从他第一次作为植物状态的患者的来访经历中记起那些照片,还只是回想起我们在试图测试他记忆时给他看的照片。

第十三章
死而复生

★　　　　★　　　　★

胡安和他的父母来到伦敦市,他被送进帕克伍德医院。当坐在轮椅上等待记忆测试时,胡安一直非常严肃,近乎阴郁。我事后回想时觉得很奇怪,一个生命经历了如此戏剧性转折的人竟然不会欣喜若狂,不为他从虚空中夺回的每一天而感恩。但是,胡安只是安静而淡然。也许他就恢复成这样,也许只有一部分胡安回来了,也许他个性的一部分丢失了,也许他还需要更多的时间来恢复。

我们都提心吊胆,测试室中的气氛也十分紧张。虽然我们筹备这项检测的时间不多,但我们极其谨慎地备齐了探测胡安记忆的所有资料。史蒂夫和达米安实施了这场记忆测试。胡安的答案令人吃惊:是的,他记得做过扫描——被送入黑暗的舱体,满心恐惧;他记得那部希区柯克的电影;他精细地描绘出了劳拉的面部特征;他也清楚地记得史蒂夫,曾给他测过脑电。在那个星期,我们在胡安身上试用了一些新的 EEG 技术,并进行了两次 fMRI 扫描和一系列行为评估,希望找到一些他有意识的蛛丝马迹。

胡安这样回忆史蒂夫:"他把电极放在我的脑袋上,而且他的声音非常低沉。"史蒂夫的声音确实很低沉,而"他把电极放在我的脑袋上"是我听过的一个门外汉对脑电的最好的描述。胡安记得他第一次过来时的所有事情,连微小的细节他都记得一清二楚。

我无法用语言来表达心中的震撼。多年来,我们见到过许多患者经历所有的标准临床测试,最后被归为植物人,后来却通过扫描发现,他们可以想象打网球或有其他反应,我们这才知道他们其实是有意识的。但是，要患者恢复后，亲口告诉我们他们在扫描仪中所有的体验，这是从来没有过的。

我们终于有了一个毋庸置疑的证据，证明患者虽然看上去完全处于植物状态，却仍然有着完整的意识，他能感受到生活的细枝末节，而我们对此却毫不知情。想想看，要不是曾进过 fMRI 扫描仪，并且在我们推他进去时清醒着，胡安怎么可能描述出仪器的内部结构呢？要不是觉知到了那部电影，他怎么可能知道我们用于激活他听觉皮层的是哪部电影呢？他又是怎么知道史蒂夫的呢？胡安在来伦敦市之前从未见过史蒂夫，他奇迹般地康复后，他俩也没有再见过面。唯一的解释是，胡安对抗着医学对他的评判，几个月来一直在监测他周围的世界，并将它们保存到记忆中，尽管与此同时仍表现为植物状态。在他的这一"壮举"中最引人瞩目的可能是胡安对那段时间所保有的良好记忆。他的脑袋已经因缺氧而遭受大面积损伤，怎么可能还会拥有那样的记忆力呢？

我对胡安的状况想得越多，就越发现我们对意识及其多面性的了解是多么少。我们对胡安用上了所有手段，包括各种脑扫描，我们能用的各种新奇的检验技术都用了，然而我们还是没有探测到明明存在的意识。更诡异的是，胡安那部分看不见的意识——他存在的部分，和你我一样可以体验扫描过程的部分——竟然从灰色地带走了出来。意识展现出的这种恢复力萦绕于我心头，使我重新反思存在的本质，活着到底意味着什么，究竟能否说某人已一去不复返了。莫琳的扫描结果没有任何激活，但胡安也是啊！对莫琳及像她一样的人来说，还有希望吗？

第十三章
死而复生

对我们来说,胡安身上仍然有许多未解之谜。如果他第一次来伦敦市期间已经有了意识,那么当时我们用 fMRI 扫描为什么检测不出来呢?为什么他不能想象打网球或想象在家里走动呢?为什么希区柯克的电影只激活了他的听觉皮层而没有激活额叶和顶叶皮层?额、顶叶皮层的激活能清楚地告诉我们他能像我们一样感受曲折的剧情。我们在分开的两天中分别给他做了两次扫描,两次都没有发现他有意识,对这样的阴性结果真的很难解释。我们知道他当时并没有睡着,因为我们通过监视器(有微型摄影机连接到扫描仪内)看到他的眼睛是睁开的。再说,如果他睡着了,他怎么可能回忆出当时那么多细节呢?或许,他的脑损伤情况比较特殊,虽然有意识,却不能给出适时的反应。或许,当时他的意识时有时无、断断续续,有时能意识到周围发生了什么,有时不能。或许,他只是不想回应?我们还是解不开他身上的谜。我们所知道的事实只有:无论他的脑部扫描结果如何,他的意识都足以让他体验、记住和报告那几天中发生的一切。

在胡安第二次造访伦敦市,并以出色的表现完成我们记忆力测验的一年多后,我开车去胡安家,看看他的情况。劳拉与玛格丽塔保持着紧密联系,所以我知道他在不断好转。但是,我想亲眼看看他,还想向他询问几个一直困扰我的问题。

我把车子驶入胡安家的那条街。他的家坐落在多伦多郊区规划整齐的两层小楼群里。胡安的母亲玛格丽塔,一位友善的黑发女人,前来迎接我。他家专门为胡安做了轮椅坡道。

"他几分钟后就回来,"玛格丽塔说,"他一般都是自己坐公交车去上学,今天是他爸爸去接他的。"

胡安自己坐公交车?去上学?我再次大吃一惊,我简直不敢相信自己的耳朵。我知道胡安越来越好,但不知道他已经这么棒了,这大大超出我的预期。

但愿我在跟玛格丽塔聊天时,没有把心中的这份怀疑表现得过于明显。"我们去向你求助的时候,真是面临人生最黑暗的时刻,"玛格丽塔说,"是你给了我们希望。医生说他的脑袋已经没救了,完全没有机会恢复,也没有其他的可能性。后来 ICU 的主任跟我们提到了你。"

此时,前门打开,胡安坐着轮椅把自己推进来。看到这一幕,我更加惊讶和好奇了。他看起来充满活力,头发乌黑,并修剪得非常整齐,眼睛也是黑亮有神,就连他一年前在伦敦市时遗落在某处的人格特质也重新回到他的身上。

"你想跟我聊些什么呢?"他问。

我建议他跟我谈谈他从出事到去伦敦市扫描之前这段时间的经历。

"我觉得自己像被困住了,但心里并不害怕或绝望,我知道我最终会挺过来的。"这些话是带有感情的——胡安的某一部分——感情部分,已经回来了。

"那时你是不是有尝试动一动身体或想说话?"

"我一直都想试着开口说话。"

第十三章
死而复生

"那时你觉得疼吗?"

"没有。我只觉得自己被困在身体里,却没有办法控制它。"

"我用冰块碰他的脚,"玛格丽塔说,"给他闻咖啡豆。我还自己带着他去康复中心,给他做了一百二十次的高压氧治疗。"

被诊断为植物状态的患者,他们的家人都会自己去寻求一些治疗方法,如玛格丽塔提到的高压氧治疗。高压氧治疗是让患者在加压室或加压舱内呼吸纯氧,这种方法在治疗减压症中的应用已经很成熟,如果潜水员从水下上浮至水面的速度太快,就容易引发这种疾病。高压氧舱内的氧分压是正常空气的三倍,使肺能吸入比在正常大气压下更多的纯氧——简单地说,它能增加血液的含氧量。有证据表明它可用于治疗严重感染。

由于传统的治疗方法对胡安没有效果,所以玛格丽塔和她的家人转向高压氧治疗。

"医院不知道该怎么办,"她说,"他们只能不断给药,三个月用了七个疗程的抗生素。他的免疫力严重下降,有时候会连续发烧四五天,高压氧治疗增强了他的免疫力。我还给胡安请了一位营养师,这位营养师在脑损伤患者的营养方面非常专业而且经验丰富。这都是我们自己做的。胡安的恢复不是奇迹发生,而是靠我们夜以继日的努力。"

我们继续聊胡安的记忆和经历。

"你还记得我们第一次给你做扫描时的情况吗?"我问他。

"我很害怕。"胡安的话仍富有感情。我不禁开始好奇,胡安是不是分阶段、一点一点从灰色地带恢复过来的。一年前他来伦敦市做记忆测试时,一定已经找回了部分的自己——他的身体、他的记忆、他的生理机能。但是,某一部分的自己遗失了,直到现在我才发现这部分是什么。那就是胡安的个性。他身上至关重要的部分终于从灰色地带回来了,也许并不完全,但我知道,身、心完整的他早晚会全部回来。

我们扫描过成千上万的患者和健康被试,即使偶尔会有人因扫描感到焦虑,却较少见。

"你为什么害怕?"

"我不知道将要发生什么。"

我不得不接着问他这个问题:"你的意思是当我们第一次把你放进扫描仪时,并没有全面细致地告诉你接下来会发生什么吗?"

他看着我说:"是的。"

我被吓到了。不管患者看上去是否处于植物状态,我们都会不遗余力地向他们说明扫描的所有程序,但是我猜,也许有时候我们做得还是不够到位。

更糟糕的是,胡安接着说:"我当时都害怕得哭了。"

我们通常会用微型摄影机来拍摄患者的脸,有专人负责监视,但我们并没有发现胡安在扫描期间哭泣。

"你哭出眼泪了吗?"

"我哭不出眼泪,但我确实哭了。"

以后每次当我准备把患者——或任何其他人——放进扫描仪时,都会想起这个令人心碎的时刻。我进一步追问胡安:"你觉得你记得第一次来伦敦市时所发生的每件事吗?"

"是的,每件事。"

我毫不怀疑胡安在认知能力上已经有了很好的恢复。他的回答

死而复生

都很简短,大多数只有几个字,但简洁高效,能表达出完整的意思。他只会针对我提出的问题来回答,极少说到问题以外的情况。偶尔,他会不经意地离题,说到一些其他事情。这些不经意的言谈让我了解到他的世界观——他对生活以及所有发生在他身上的事情的看法,这些观点对处于他这种情况的人来说再正常不过了。

在接下来一个小时左右的时间里,胡安告诉我并向我展示了许多不可思议的事。例如,他的父母在厨房旁边的一个房间为他架设了一套双杠围起来的走道,他自己努力从轮椅上站起来,沿着走道一步步拖着脚走了起来。

我注意到他的左脚没有右脚那么便利。"你挪动左脚的时候,有什么感觉?"

"就像是我在用力把它拉过来。"

"你的意思是它不听你使唤?"

"是的。"

"你的右腿呢?"

"我的右腿非常听我的话。"

胡安艰难地从双杠的一端走到另一端,再折返回来,慢慢地转过身,然后一屁股坐回轮椅里。

"你太棒啦,胡安!"我说,但立刻觉得自己很蠢。在他取得的这些成就面前,我的夸赞显得苍白无力。

受伤之前,胡安是一个小有名气的 DJ。如今,他又重新玩起了混音。他缓慢却稳健地操控着鼠标,调节多条音轨来合成音乐,为我们演奏了一些曲调。他的精细运动能力已完全恢复,只是动作有点慢。

我问他是否觉得自己有认知方面的障碍。

"思维。我思考事情的速度比其他孩子慢,但我最终还是能理解那些事情的。"

思维迟滞(bradyphrenia)在脑损伤以及某些神经退行性疾病(如帕金森症)中很常见,但我从未听到过一个脑损伤患者亲口告诉我这件事。

对帕金森症患者来说,思维迟滞是主要症状之一。帕金森症患者行动迟缓,但即使将他们迟缓的行动考虑在内,他们的思考速度也还是很慢。在我读博期间,我们发现,在给帕金森症患者一个简单任务时,他们虽然最终能把它解决,但所花的时间比健康老年人要长很多。没有人知道这是为什么——可能是他们脑中缺乏多巴胺的缘故,这会导致运动减慢,说不定还会使得思维迟缓。就好像他们生活的方方面面都比以前慢了一拍:好比一辆车,油箱里还有油,但刹车始终被踩着。

胡安并没有患帕金森症,但是在某些方面,他的症状跟帕金森症类似。也许是他的苍白球损伤导致了这种状况。胡安说的"我的左腿不听使唤",让我想起一些帕金森症患者也说过同样的话。腿好像不再属于他们,它好像自己有了生命一般。

前不久我也听到过类似的情况。凯特——1997年我们扫描的第一个脑损伤患者,2016年我再次见到她时,她也跟我描述过她本人和她脑袋之间的某种分裂感或分离感。"我的脑袋不再喜欢我了,"她说,"它不会做我想做的事。"

胡安也体验到了这种分裂感,但他的感觉是,他(胡安,这个人)和他的一部分(胡安,这个身体)分离了,他的腿不再听他使唤。

死而复生

尽管恢复得非常不错,胡安仍然觉得,他的某些部分已不在他的控制范围内,被困在了灰色地带。

★　　　★　　　★

胡安不是第一个如同奇迹般恢复并从灰色地带重返这个世界的人。一名六十五岁的波兰铁路工人扬·格赛斯基(Jan Grzebski)因脑肿瘤昏迷了十九年,却在 2007 年从昏迷中"醒来",这件事成为当时媒体争相报道的头条。对他来说,整个世界已经变得面目全非。他记得在昏迷前,波兰还是由共产党执政,商店里只有"茶和醋等,肉是定量供应的,到处都是排队等待加汽油的人。现在我看到街上的人都有手机,商店里的商品五花八门,看得我头晕"。他在波兰电视台的节目专访中说。在他被困在灰色地带期间,他还多了十一个孙子和孙女。

格赛斯基的案例是现实版的《再见,列宁》(Good Bye, Lenin),这部德国电影产生过国际性轰动。他引人注目的经历也广受世界各地媒体的报道,如福克斯新闻(Fox News)头版头条的标题是"活死人苏醒"。

格赛斯基把他的苏醒归功于他的妻子格特鲁德。虽然医生说他永远不可能恢复,只能再活两三年,但是她一直没有放弃他。十九年来,妻子每个小时都会帮他翻身,以免他产生褥疮。

我醒来多了十一个孙子和孙女

"活死人苏醒"

多么坚贞不渝的爱情啊。

使他陷入昏迷的肿瘤还是在 2008 年夺走了他的生命,距离他"苏醒"只过了一年。

另外,还有一起有据可查的案例。1984 年,来自阿肯色州的特里·瓦利斯(Terry Wallis)驾驶的卡车在桥上打滑坠桥,导致他遭受了急性脑损伤。事故发生后,他陷入昏迷,后来变为最小意识。医生对他的预后很不乐观:他们说他永远无法恢复。然而,到了 2003 年,他神奇地在三天之内逐渐从灰色地带走了出来。醒来时,他还以为是在 1984 年,而自己还是二十岁! 十九年的光阴一眨眼就过去了。在这段时间里,"他"去了哪里? 他脑子里发生了什么?

瓦利斯的身体已经老化了。困于灰色地带的人身体会继续老化,有时还因肌肉萎缩而使老化加速。瓦利斯仍然身体残疾,虽然他清楚地记得事故前的所有事情,但是,他的短时记忆大不如前。和胡安的状况一样,我们不知道是什么原因让他醒了过来,也不知道为什么他不能记住新的信息或事件。

胡安带给我们一个审视灰色地带的全新视角。他的恢复让人震撼——从零到全。格拉斯哥昏迷量表的分值满分 15 分,最初他只得了 3 分,没有比这更差的情况了,但是,当我上次见到他时,他像一个专业的 DJ 那样在玩混音。

玛格丽塔强调,是家人积极正面的态度促成了胡安的康复。为了照顾胡安,带他去做更多的治疗,她离开工作岗位长达六个月的时间。家人还在网站上募款,最终筹集到 45 000 美元。

第十三章

死而复生

很多人可能认为,只要拥有足够的意志力、爱、家人的支持、金钱以及运气,任何人都可以获得这样奇迹般的结果。但是,我不是这样认为的,每个人的脑袋都是不同的,每个脑袋的受损情况也各不相同。灰色地带是一个不可预知的地方,神秘而复杂。过去二十年来,我们已经学到了很多,认识到意识的脆弱性,然而,我们仍然不清楚为什么有些人不能恢复而有些人却能恢复,他们又是如何恢复的。对那些得以恢复的人来说,"恢复"一词所代表的意义也不完全相同。

少数幸运的人可以恢复到胡安那样的程度,他们可以重返大学,自己乘公交车,跟朋友一起出去玩;另外一些人可以恢复到凯特那样的状态,绝对已从灰色地带回来,却只能回想着上天发给她的这一手烂牌,然后一天天慢慢去接受自己所失去的;但是,大多数人所面对的严峻事实是,他们只是在昏迷恢复量表的评估中多得了几分,反应能力稍好了一些,就好像沿着梯子往上走了几阶,仅仅从灰色地带的深渊探出了一点脑袋。

几年前在接受记者采访时,我就不再使用"恢复"这个词。不是我不相信有人可以"恢复",而是对我们这些相对健康的人来说,这个词的含义过重,根本不能反映那些努力想要"恢复"的患者可以期待和获得的最终结果。

1981 年,我成功战胜癌症并"恢复"。尽管仍存在一些健康上的问题,但我基本上是健康的,生活也回归正常。然而,严重脑损伤后的恢复是另一回事。我很少见到有患者能恢复到所谓"正常"的生活。事实上,大多数人都没有百分之百恢复。胡安这样的情况非常罕见,我在这个领域已经工作了二十年,他是我所能举出的最佳"恢复"个案。这个少见的特例告诉我们,无论多么渺茫,但总有一线希望。胡安已经完全从灰色地带回归，然而，他曾经深陷其中的经历必定会给他带来与以往不同的视角和品质。胡安看到了大多数人一辈子都不会看到，也不应该看到的"风景"。

任何一种脑损伤都会对患者产生长久而广泛的影响。脑不同于身体的其他器官，人体可以换掉肾、肺、心、肝，之后仍然是原来的自己——可能有一段时间身体状况会不太稳定，但依旧是同一个人。尽管那些曾危及我们生命的疾病难免会给我们造成一些心理上的伤疤，但是大多数人都会回归充实而完整的生活，也许还能跟从来没有生过这场病一样。

但是，严重脑损伤跟它们完全不同。它会改变我们，使我们在活动、反应、互动和回应能力上发生变化。脑损伤的恢复也远比其他疾病的恢复要难，还很可能是无法恢复的。我们不能移植脑部（至少目前还不能），即便可以，也不会像移植心脏或肾脏那样地帮助我们恢复。因为脑移植后，患者不会恢复，会变成别人。患者可能看起来没有变化，但脑壳中装着别人的脑子，患者已变成另外一个完全不同的人。相反地，如果将你的脑子移植到另一个人身上，你不会变成那个人，你还是你。你看上去会不一样，甚至从头到脚都会感到不同，但本质上，你还是那个你，只不过在另一个身体里，你还是有同样的想法，同样的回忆，同样的个性。你的存在感、思维流、感情和情绪，所有这些组成对这个世界的意识体验在很大程度上仍保持原样。这就像你做了一个天衣无缝的易容术，虽然外表改变了，但骨子里还是同一个人。

凯特告诉过我，尽管她的能力已大不如前，但是她内心的那个自我还是她自己，值得拥有与健康人所期待的同样的爱、关注和尊重。

死而复生

胡安也一样,我确信他觉得他还是原来的自己,也许在那些可以测得的生理和认知功能减退之外,还发生了一些难以言喻的改变。令我感到震惊的是,那个让我之所以是我、你之所以是你的核心本质,即使在遭受灾难性脑损伤后,依然无法撼动和改变。

这是一个不争的事实:我即我脑。

第十四章

带 我 回 家

我看到过这些国家的衰与兴，

我听到过他们的故事，他们所有的声音，

但爱才是生存下去的唯一引擎。

——伦纳德·科恩（Leonard Cohen）

胡安从灰色地带的回归给我们一个警示：意识总是比我们领先一步。找到用阿尔弗雷德·希区柯克的电影来检测意识，我们以为发现了捕捉意识的最佳方法，以为它可以万无一失地探测到潜藏在最深、最黑暗角落的意识踪迹。但是，胡安的意识还是从我们眼皮底下溜走了。它当时就在那里，胡安有着再清楚不过的意识，但是我们没有发现。fMRI 是一个功能非常强大的工具，我们也一直在拓展它的应用领域。不断提升的计算机运算能力让我们可以去探测诸如斯科特和杰夫等患者的意识，使我们离与他们内在的自我进行实时双向沟通的梦想更近了一步。同时，我们对灰色地带的探索正帮我们厘清意识的基本构架。例如，像记忆、注意和推理等脑部加工是如何

带我回家

与像"智力"这样的单一概念联系起来的,它们又是如何从人脑中那团三磅重的灰质和白质的混合体中产生的(想了解我们是如何解决这些问题的,请访问我们的网站)? 在世界各地,我们和其他很多科学家都在使用这项超凡的技术绘制人类思维和情感的构架,找出人脑的运行方式与个体的意识体验、自我感知的形成及经验对人的塑造之间的关系。我们和悬疑大师的这场探险表明,我们的意识与经历着同样事件的其他人的意识紧密耦合,与我们对他人想法和感受的感知紧密耦合,与我们的"心智理论"紧密耦合。

但是,fMRI 的费用很高,而且将患者送去扫描需要克服很多困难,这些都大大限制了家属与他们深爱的陷入灰色地带的亲人沟通的机会。我们未来很重要的一块工作必然是去简化这套笨重而又昂贵的设备,使其便于携带且方便操作,这样,它们便不限于像我这样的科学家和医疗专业人士使用,那些付出大量心力,只为唤回坠入灰色地带患者的家属也有机会使用。威妮弗蕾德就是这类家属的代表,很少有人像她那样用心。

2010 年 5 月 3 日凌晨 3 点半左右,威妮弗蕾德突然被她丈夫伦纳德的鼾声吵醒。直觉告诉她,有不对劲的地方。"我从来没有被他的鼾声吵醒过,"她说,"我曾开玩笑说,哪怕天塌下来我也会照睡不误。"

那天晚上,这家人的世界发生了天翻地覆的变化。不知为什么,威妮弗蕾德知道她的丈夫出状况了。她试图叫醒他,以为他做噩梦了,但怎么也叫不醒他。她大声叫来睡在隔壁房间的儿子和女儿。

儿子拨打了911，电话那头的医务人员让他们将伦纳德从床上抬下来，使他平躺在地板上。这不是一件容易的事，伦纳德块头很大，他年轻时在孟买当过水手，还在迪拜的造船厂工作过。

根据威妮弗蕾德的估计，救护车是在十至十五分钟后抵达的。"当时我脑子里反复想着救护车多长时间才能到。"她说。那时伦纳德已经没有了呼吸，医务人员迅速判定他是心脏骤停，于是对他实施心肺复苏。急救后，他的心脏重新跳动，但他的生命力却在快速减弱。他们赶紧把他送到当地的布兰特福德综合医院，一入院就用药物诱导其昏迷，以减少他脑部进一步受损的可能性。受到损伤后，脑部的新陈代谢通常会发生明显改变，某些区域无法获得充足的血液。通过减少处于危险中的脑区对能量的需求，可以让这些区域在愈合过程中得到保护。

伦纳德进行了心脏手术，他的一条动脉已完全阻塞，另一条动脉也已被阻塞80%。心脏外科医生对手术结果很满意。"他的身体状况很好，现在只需要等他从昏迷中醒来。"他告诉威妮弗蕾德。

一天半后，伦纳德脱离了昏迷状态，但陷入灰色地带。"情况不是很乐观，"医生说，"伦纳德的脑部受损严重，他现在处于植物状态，恐怕很难醒过来。"

正是发生在2010年5月的这一连串事件，促成了伦纳德和威妮弗蕾德与我们团队在西安大略大学脑与心智研究所的相遇。一切只是时间问题……

★　　　　★　　　　★

我们的EEG（脑电）天才，住院医师达米安·克鲁斯，想到了一

个绝佳的点子:买一辆吉普车作为探访患者的
检测专车,更棒的是,他将这个移动实验室取
名为 EE 吉普。我们对意识深度的探求又迈向
下一个阶段,这也是我一直在寻找的:一种移
动的解决方案,可以让我们接触到任何地方的
灰色地带患者,并让他们和家人重新建立起沟
通。这种方法将人类与机器相结合,是有机体

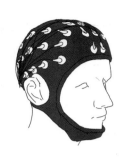

EEG

与人造体的融合,是突触与硅材料的连接。我做出了一个举动,那种
感觉就好像在剑桥应用心理学组那些疯狂日子里的一次宿醉。我委
托一位艺术家朋友韦斯·金霍恩(Wes Kinghorn)设计一个标志,打
算把它贴在吉普车的引擎盖、后盖和两侧的前门上。"让它看起来就
像《侏罗纪公园》(Jurassic Park)的标志,但也不能太像,否则,我们会
被起诉的。"我说。

　　最终出炉的成品真是太棒了! 原本那具令人难忘的霸王龙骨架
被卡通的大脑所取代;原本标志黄红两色的设计换成紫白两色——
这是西安大略大学的颜色;原本最下方丛林的剪影则被巧妙地换成
了带有两座巍峨塔楼的西安大略大学的剪影。那年夏天,我们在城
里乘着它出行,回头率非常高:"那不是……吗? 那是什么呀?"

　　这辆吉普车成了我们最新"秘密武器"——便携式 EEG 脑成像
设备的精密配送装备。EEG 的原理和操作与 MRI 或 PET 完全不同,
但它们都可以帮我们达成相同的目标,即检测意识,并在可能的情况
下与无反应的患者实现沟通。通过找到一种使我们的设备可移动的
方法,我们终于可以去患者家中、护理机构或医院为像伦纳德那样的
患者检测意识了。这一发明产生的影响是巨大的,不仅是脑损伤,那

些神经退行性疾病如帕金森症和阿尔茨海默症、导致身心失能的使人慢慢衰竭的疾病以及随着平均寿命的增加而变得越来越普遍的一些疾病，所有这些疾病的患者都会从中受益。

其原因非常简单：fMRI 确实是一项特别好的技术，它最先为我们打开一扇窗，让我们得以窥探意识的真容，但是它造价昂贵，而且还不方便携带。将患者从其他地方送到扫描中心需要支付救护车费、家属的住宿费、护士的工资以及患者住在护理机构中昂贵的费用——这还没有算上扫描本身的费用。开发出不用去扫描室，只要待在家里就能实现日常交流的技术，将会开创出一个截然不同的新局面。更多的患者有机会接受检测，费用也会大大降低。一直以来，我们不断在探索灰色地带，并以最根本的方式去面对我们之所以成为我们的本质，所有这些工作都会因这类新技术的出现而加速取得进展。

★　　　★　　　★

2015 年夏天，达米安、劳拉和我坐上我们装备好的崭新吉普车，从伦敦开车一小时，去布兰特福德。那是一座宜人的城市，有十万人，位于安大略省西南部。我们去探望了威妮弗蕾德和伦纳德。

我一直记挂着伦纳德的处境。几个月前，我在办公室跟他们碰过面。这并不常见，我跟患者及其家属见面的地点一般是在我们的扫描中心、家里、医院或护理机构。当时，威妮弗蕾德和伦纳德来看望他们在西安大略大学上学的女儿，便顺道跟我约了时间碰面。那些处于灰色地带的人们，尽管没有反应，也许是植物人，只能高度依赖于他们的照顾者，仍会长途旅行、看电影、看电视，还会在感恩节与

带我回家

家人坐在桌边共享大餐,每当看到这些,我都会觉得不可思议。在家人帮着他们做这些事的时候从不知道他们是否能感受到这一切。

那次在办公室里的碰面,气氛融洽而热烈——近乎欢快。威妮弗蕾德热切地跟我们讲述了伦纳德的近况:他的褥疮已经愈合,他对外界也越来越有反应,甚至还很开心地来见我。但是,我们得出的结论刚好相反——我们已经看过伦纳德的 fMRI 扫描结果,将它告诉给威妮弗蕾德和伦纳德并不是一件容易的事。

劳拉和我对结果进行反复求证——那些检测我们已经做过许多次,劳拉是我很好的帮手。在最新的检测结果中,我们没有发现任何行为证据能证明伦纳德知道他在哪里,他是谁,以及他周围发生了什么。即使用想象打网球比赛的任务,我们的"黄金标准",也没能测出他有意识。尽管已在扫描仪里躺了两个多小时,伦纳德的脑部却没有显示出任何有意识的迹象,我们接收不到任何来自灰色地带的信息。

威妮弗蕾德听着我说的话,却总是热切地往我们观察到的结果中增加一些积极的内容。我们注意到,伦纳德的身体看起来比我们上次见到他时更健康。威妮弗蕾德补充说,他会更享受打破常规的一天,对外界也会更有反应。我们很高兴看到他的腿部感染已经痊愈。对此威妮弗蕾德也很高兴,因为这让伦纳德的行动变得灵活很多。我并不是说威妮弗蕾德是在自欺欺人,她无比真诚。她陪在伦纳德身边的时间确实比我们多很多,她当然知道如何捕捉到我们发觉不到的改善的迹象。威妮弗蕾德是不是臆测出了一些伦纳德不可能存在的意识呢?我很想知道。伦纳德真的还拥有部分意识吗?也许她能与他的那部分意识建立联系,而我们却无法觉察。要弄清楚

这些问题的答案,我们必须走进伦纳德的家中,走进伦纳德的脑中。

★   ★   ★

这就是达米安、劳拉和我会在 2015 年夏天飞驰在 401 号公路上,向布兰特福德进发的原因。我们在一间宽敞的平房前停下来,屋前是一条安静的马路,马路对面一片开阔的玉米地沐浴在阳光下。这真是美好的一天。威妮弗蕾德蹦跳着来到屋外迎接我们。她刚带着伦纳德回到家,正推着他沿着为他搭建的金属坡道穿过车库,越过台阶,进入侧门。"欢迎,欢迎,欢迎!"她高喊道。

达米安打开 EE 吉普,将我们用于运输和保护 EEG 仪器的豪华黑色航空箱拿进屋里。威妮弗蕾德照顾着伦纳德。我站在那里,目光越过那片闪闪发光的玉米地,脑中回想着那天在我办公室和他俩会面的情景。今天会有所不同吗?我们会得到更好的消息吗?我必须再次面临评估上的严峻挑战吗?自从上次见过伦纳德后,我们手中的筹码已发生了改变,我们有了更好的检测和数据分析方法,还有了更敏感的工具来探测意识。我非常希望这次可以获得更好的结果。

标志

伦纳德坐在客厅一角的轮椅上,块头很大。"我一直在努力帮他恢复,"威妮弗蕾德说,"他现在已经取得了不算很大却很重要的进步,他会笑了!"

威妮弗蕾德告诉我们,伦纳德心脏骤停的前一天晚上,他们正计划去

带我回家

印度度假,拜访伦纳德在果阿退休的家人。"我们原本打算预订航班,那时我们正在看《与星共舞》(*Dancing with the Stars*),看完已经很晚了,所以我们决定第二天再预订。没想到再也没有第二天了。"

威妮弗蕾德拿塑料杯装了一杯水,用吸管喂伦纳德喝。"你一定得喝一点。"她语带责备地说,并轻轻地揉着他的脸颊和喉咙。"如果你让我看到你可以吞咽,我就可以给你更多水。你得做给我看,我这是在努力唤醒你呀。再喝一口,我就不再勉强你了,我想看到你自己把水咽下去。"她语气中流露出的满满活力让人吃惊。"不要睡着,你必须保持清醒!"她与他十指紧扣。"你看到他刚刚叹气了吗?"这句话是问我的。

我不知道该如何回应。我确实看到了那声叹气,但它是对威妮弗蕾德哄劝的有意识的回应,还是只是一个自动的潜意识的毫无意义的反应?看着她与伦纳德的互动,我开始思考构成人的关键元素是什么。很显然,伦纳德就坐在我面前,但构成他的一些关键元素已经缺失,至少对我来说是如此。但是,对威妮弗蕾德来说,伦纳德就在那里,构成他的所有元素都在那里,甚至我们其他人完全看不到的元素,她都看到了。这简直就像她接管了他的意识,让他的意识继续存活,直到有一天他能重新掌控自己的意识为止。

达米安要了一点水,把它倒进我们带来的一只小碗里,这只碗是脑电设备的一个配件。他拿出我们的脑电帽,将它直接丢进碗里,就像把一大把意大利面丢进沸水里一样。水有良好的导电性,让所有的电极都浸湿,达米安便可以确保接下来能从伦纳德的头皮上获得良好的电信号。

我们的脑电帽有 128 个电极,安装在橡胶制的网上,看起来就像一顶大的发网。每个电极上都外接一根电线，所有电线都被聚拢起来连接到一个作用跟高保真放大器很类似的金属装置上，它占地约一平方英尺。这台放大器的另一端连接着一台拥有顶级配置的笔记本电脑，这台电脑的购买途径跟大家平常的购买途径一样，我们通常会选择苹果品牌或戴尔品牌。

EEG 的工作方式与 fMRI 的完全不一样。当神经元被激活或"引燃"时，它们会发出电信号——微小的电位波动，可以在头皮上检测到。基本上，我们不可能测到单个神经元的电活动，除非将电极直接植入脑内（这需要进行既昂贵又危险的神经外科手术）。而且，神经元是成组同步放电的，一组神经元产生的总体电位变化即使在颅骨外也可以被检测到。虽说这些微小的信号必须经过放大器放大后才有意义，但它们还是可以被检测到的。

当我们说脑的某个区域变得"活跃"时（如当你想象打网球时，你的前运动皮质会被激活），我们想表达的是，与你想象打网球之前相比，那个区域的许多神经元产生了更强的放电。这些神经元电活动的改变会形成一个总体的电位变化，我们用 EEG 电极可以在头皮上检测到这一变化。该系统美中不足的一点在于它的"溯源问题（inverse problem）"，即到达头皮电极的电信号可能来自各种不同神经元的放电组合。电极正下方的神经元可能有大量放电，但是其他离电极比较远的神经元也可能对电极记录到的信号有影响。对信号有贡献的神经元的数量和组合几乎是无限的，这意味着不可能将脑电信号精确定位到脑中某个区域。目前科学家正在寻找一些改进方案，例如，将 EEG 与 fMRI 相结合，并辅以新的统计技术，可能有助于脑电信号的定位，但是 EEG 本身仍然存在溯源问题。

带我回家

EEG 还有一个不足。由于所有的电极都贴在头皮上,这意味着大量可以被检测到的电活动都来自皮层表面的神经元,而像负责空间记忆的海马旁回的电活动就不可能被检测到,它位于大脑底部,离大脑皮层太远。

达米安从碗中捞出湿透的脑电帽,说:"通常在海绵完全变干之前,我们有半个小时至四十五分钟的时间用于采集良好的信号。"

他小心翼翼地将脑电帽套在伦纳德的头上,并来回调整这顶网帽,直到它紧贴头皮,水沿着伦纳德的脸颊流下来。

"我知道在家他的状态会比较好,"威妮弗蕾德说,"他的手指张开了,这是不是意味着他有了感觉和反应? 在我看来,这就是表示有什么跟他连接上了,他收到了信息。如果他没有心情回应这些信息,他就会皱眉。如果你白天让他不闲着,他晚上肯定会精疲力尽,便会呼呼大睡。"

我再一次震惊于威妮弗蕾德对伦纳德的想法、感受和态度所做出的解释。她能确信无疑地感受到他的情绪,无论这些情绪伦纳德自己是否感受得到。灰色地带让我们知道,意识并不是非有即无,非开即关,非黑即白,它存在很多灰色区域。

"好了,兄弟,现在我要把耳机放进你的耳朵里。"达米安说。

"我们需要你动动脑!"威妮弗蕾德大声说。

达米安插上放大器,打开笔记本电脑,启动程序,然后说:"从现在开始,我们都要保持安静,以确保伦纳德不会分心。"房间里立刻安静下来,我们聚精会神地看着伦纳德。

我们之所以能用 EE 吉普进行这种脑成像,得益于计算速度的大幅提升以及设备的便携性。我们可以对海量数据进行实时分析,在患者戴着脑电帽的时候向他们提出问题,并对他们的反应做出解释。EEG 系统比以前的所有系统更加精简。回首 1997 年,当我们扫描凯特时,大部分的数据分析代码都是我们自己写的。这不容易,MATLAB 软件不像微软的 Word 那样有精心设计的界面。任何没有接受过计算机科学训练的人都不知道怎样使用,它既没有操作手册,也没有帮助系统,我们只能摸索着用。时至今日,情况已大为改善。用于分析 EEG 数据的软件虽然还没有普及到像你在百思买(Best Buy)①随手就可以买到的程度,但是在科学界,有很多渠道可以获得这个软件,而且研究人员通常都会共享代码。

伦纳德安静地坐着,听着我们用耳机给他播放的声音。我们听不到伦纳德听到了什么,也不知道他是否能听到,我们只能等待,数据会告诉我们结果的。耳机里播放的是达米安精心挑选的大量单词和短语,用于探测伦纳德脑中可能存在的活动。单词是成对播放的,有的彼此之间有着明显的相关性,如"桌子"和"椅子";有的则没有相关性,如"狗"和"椅子"。之所以这样设计,与一个称为 N400 的 EEG 成分相关。当单词成对呈现时,如果第二个单词与第一个单词无关,那么第二个单词会引发脑中产生一个更高电位的信号,即 N400。这个脑电波形成的原因并不明确,不过,我们认为它是由一种名为"启动(priming)"的心理现象造成的。启动与个体的预期相关:当你听到"桌子"这个单词时,脑中预期的下一个单词可能是"椅子",因为"桌子"和"椅子"经常一起出现。同样地,当你听到"狗"这个单词时,脑中预期的下一个单词很可能是"猫"。从某种意义上讲,

---

① 百思买是全球最大家用电器和电子产品的零售集团。(译者注)

带我回家

相比于"桌子"后面跟着"椅子",当你听到"狗"后面跟着"椅子"时,你的大脑会更加意外,而这种意外感便会表现为明显的脑活动变化。同一个单词由于出现在它前面的单词的不同而诱发不同的脑活动,这意味着我们的大脑一定对两个词之间的关系进行了加工,知道"桌子"和"椅子"比"狗"和"椅子"更有相关性。我们的大脑加工了语义。当我们听到如"那个男人上班都开马铃薯"这样的句子时,脑中也会产生同样的变化,它诱发的电位比听到如"那个男人上班都开车"更高。这就是意外结尾的影响力。

屋外偶尔有车开过,屋内一片寂静,几乎让人恍惚。伦纳德看起来似睡非睡,他的耳机里播放着达米安的奇怪诗歌:

老鹰—猎鹰,猎豹—拖车

乌鸦—八哥,鬣蜥—毛衣

地下室—地窖,柑橘—围栏

匕首—小刀,紧身衣—骆驼

除了数百对或相关或无关的单词外,我们还给伦纳德播放了一段信号相关噪声,就跟十五年前我们检测黛比时使用的噪声一样——经过精心控制的短促的爆发音,就像老式收音机发出的静电噪声,那种在你转动旋钮切换频道时发出的声音。通过考察在听到相关和不相关单词时脑的电活动是否不同,以及单词是否诱发与信号相关噪声不同的脑电变化,我们希望能准确地发现伦纳德的大脑仍然具有的能力。这与我们对黛比做的检测没有太大的差异,只不过,现在我们使用的设备造价大约只有 PET 的六十分之一,并且,我们是在伦纳德自己的客厅里进行检测。

　　EEG检测感觉花了很长时间，不过最终我们还是完成了。达米安将手指插入脑电帽和伦纳德头部两侧的缝隙，撑起帽子并将它向上推了出来。伦纳德一动没动，整个过程中他几乎没有动过。这点很重要：他动得越少，我们越有可能从他脑中获得良好清晰的数据。

　　达米安把设备收拾好，威妮弗蕾德和我一起走到屋外，站在EE吉普旁边。我注意到一辆灰色福特野马敞篷车停在车道上，它看起来不太像是威妮弗蕾德开的车，于是我向她提出了我的疑问。

　　“那是伦纳德的骄傲和乐趣所在。现在我还会开着这辆车带他去兜风，我看得出来，他对此很享受！”

　　在我们离开之前，威妮弗蕾德提到，她的目标是完成伦纳德呼吸停止前那晚的计划。“我还是想要带他去果阿。我希望我们能去那里，带他回到那里是我的目标。当我跟他谈论这件事时，他的脸会亮起来，眼睛睁得老大。他一直没有忘记我们的计划。”

　　威妮弗蕾德又问我写书的进展，并告诉我，如果有她帮得上忙的地方，一定要跟她说。“从伦纳德陷入灰色地带的第一天起，我便对此投入强烈的感情，”她说，“像伦纳德这种情况的人，需要有人为他们发声。如果您的检测没有从伦纳德脑中探测到他有意识的迹象，您最好改进您的测试方法。”

　　当我们驱车疾驰在401号公路上，返回安大略省伦敦市时，威妮弗蕾德的话一直在我脑中回响。“像伦纳德这种情况的人，需要有人为他们发声。”她这样说。她就是那个发声的人。她提醒了我，灰地科学就是明确每一条生命的价值。对意识普遍性的探索已不可避免

带我回家

地转向对独一无二个体的个性化的探寻。我们每个人脑中都有完整的世界，一个基于自己一生的经验而建立起的世界，而且绝大多数时候，这个世界只属于我们自己。

　　大约一个月后，我在西安大略大学的办公室里给威妮弗蕾德打了通电话。劳拉像往常一样坐在我旁边。打电话之前，我们已经花了二十分钟研究伦纳德 EEG 的结果。

　　"伦纳德现在的情况如何？"我问。

　　威妮弗蕾德仍用与以前一样欢快的语调说："他每天都有改善！他甚至可以发出声音，告诉我他觉得自己比上周好多了！"

　　我很难不被她的乐观所感染，说："那真是太棒了。不过，遗憾的是，我们对伦纳德没有什么新发现。"

　　我们做了各种尝试，但还是没有从伦纳德的 EEG 结果中找到证据，来证明他的大脑可以区分词和非词。"得知伦纳德的身体状况在不断改善，我真的很高兴。"我说，尽量让语气听起来轻快些。

　　"对吧！"威妮弗蕾德兴奋地大声说，"我告诉过你，他的情况一天比一天好！"

　　我答应会一直和她保持联络，下次测试我们新的想法时，我会优先考虑伦纳德。挂断电话后，我不禁在想，关于伦纳德的状况，威妮弗蕾德是否一直都是对的，所有那些微小的变化、身体上的改善及微妙的迹象，是否确有发生。

　　也许伦纳德正慢慢地以他的方式回归。但回到了哪里呢？从无意识到完全有意识的这条轨道上，哪一点才算重新变回了自己呢？

我在探索灰色地带的旅程中，碰到过许多像伦纳德这种情况的人：他们看起来似乎有部分意识，至少在深爱他们的人心中是如此。这些人残存的部分意识持续存在着，已超越了他们的身体和大脑。他们的那部分意识无法被测量，我们无法触及，探测不到。但是，那部分意识是什么呢？

我想威妮弗蕾德说得对，我们确实需要有更好的测试方法。我们必须不断改进检测方案，调整算法，寻找新方法，与患者建立联系。人与人的联系优先——这正是她一直所坚持的。这也是最重要的，超越所有设计精巧的检测、优质的数据及令人叹为观止的技术。

我希望有一天，威妮弗蕾德可以实现在伦纳德跌入灰色地带的那晚他俩对彼此许下的承诺。他可以在妻子的陪伴下，重返印度，回到那个多年前他们相识相知的地方。如此，他们不同寻常的人生会更圆满，威妮弗蕾德将带着她的丈夫回家。

第十五章

读　心　术

　　现代生活中最悲哀的是，科学汇聚知识的速度，远比社
会累积智慧的速度要快。

　　　　　　　　　　　　　　——艾萨克·阿西莫夫（Isaac Asimov）

　　最近，我坐在巴黎一家规模很小，但很可能是最有法国特色的五
星级餐厅里用餐时，忍不住惊叹于灰地科学向外拓展的范围，它已囊
括了对意识本身的探索。餐厅所在的 L 酒店（L'Hotel）坐落于塞纳
河左岸的中心地带，过去两个世纪以来，它一直供应着令人赞叹的珍
馐佳肴。那是七月初巴黎一个温暖宜人的傍晚，外面的街道满是熙
熙攘攘的人群，这时候巴黎人要么是下班回家，要么是出门开始他们
的夜生活。在餐厅里，红色和黑色的天鹅绒座椅交错排列在小圆桌
周围，每张圆桌上都铺有平整洁白的桌布，上面摆放着几只大酒杯。

　　我的朋友兼同事蒂姆·拜恩（Tim Bayne）点了一份蜗牛。蒂姆
是来自新西兰的哲学教授，他的研究主要集中在探讨认知的本质、认
知与语言的关系、我们能否掌控自己的思维及我们的思维模式是否

具有文化特异性等方面。他写了大量关于灰地科学的文章，一直是我们研究的热心支持者。

坐在蒂姆和我对面的是比利时心理学家阿克塞尔·克里曼斯（Axel Cleeremans），他是世界知名的专家，研究学习——包括有意识学习和无意识学习——在脑中如何发生。阿克塞尔、蒂姆和他们的同事帕特里克·威尔肯（Patrick Wilken）曾共同出版了一本书名为《牛津意识指南》（Oxford Companion to Consciousness）的专著。我们小团体中的最后一名成员是来自巴黎的认知神经学家希德·库伊德（Sid Kouider），他主要是对年幼的婴儿开展 EEG 研究，试图理解意识如何产生以及何时出现。他和我们一样，热衷于探讨临界状态，即脑与心智、存在与非存在、意识与无意识之间难以捉摸的界限。

我们的第一道菜上桌了：和粉色大蒜一起炖煮的塞纳河畔的蜗牛。这道菜摆盘精致、设计用心，让我们充分感受到主厨的烹饪艺术。佳肴配美酒，席间的气氛很快就活跃起来了。我们正在庆祝。近日，我们刚和一群研究伙伴成功从加拿大高等研究所（CIFAR）获得一笔经费，用于举办以脑、心智和意识为主题的大会——每年两到三场集中的研讨会，可以在全世界不同地方举办。

去年，CIFAR 向全球征集"改变世界的四个想法"，收到了来自五大洲二十八个国家的二百六十二件提案。我们关于脑、心智和意识的计划入选，成为全世界获得资助的四项提案之一。

在巴黎的那个晚上，我们四人一起讨论了当前应用于意识研究的新技术的发展前景，这些技术已开始帮助我们了解，意识的出现需要脑的哪些部分参与或彼此连接。我的团队开展的给患者看阿尔弗雷德·希区柯克电影的工作，与希德近期在五个月、十二个月和十五

读心术

个月大的婴儿身上所做的研究非常相似。他和他的同事发现,成人脑中一种表明意识存在的 EEG 信号在婴儿脑中也已经出现,这就跟我们的发现一样:一些患者在观看《砰! 你死了》时,他们脑中产生了表明意识存在的 fMRI 信号。

阿克塞尔和蒂姆对我们的发现表示认可,但我们四人仍然就研究结果展开了争论。所谓意识的生理指征(signatures),无论它是来自 EEG、fMRI,还是其他任何方法,都必然会引起激烈的争论,因为人们很难就其确切含义达成共识。脑电图上那些弯弯曲曲的线条是代表意识本身还仅仅是表明意识存在的神经指标? 然而,这一点重要吗? 只要有指标,我们就知道患者(或婴儿)是有意识的,不管我们有没有测得意识本身。

打个比方,想象一下我们在搜寻某个特定记忆的生理指征,如你对这本书书名的记忆存储部位和方式是什么。在神经心理学的文献中,这种难以捉摸的脑部指征通常称为记忆痕迹(engram)——之所以说它"难以捉摸",是因为我们尚不清楚记忆在脑中的存储部位和方式。我们可以在你试图记起这本书的书名时,用 EEG 或 fMRI 来监测你的脑活动。毫无疑问,当你脑海中浮现出"走进灰色地带"这几个字时,我们会看到一系列弯弯曲曲的线条或彩色的斑点。但是,这些指征代表什么呢? 它们就是记忆痕迹吗? 恐怕并不是。与其说它们代表记忆本身,不如说我们看到的可能是脑检索先前所存记忆的加工过程,是发现自己知道了一些之前不确定的东西时的感受,或者是其他各种与记忆检索相关的体验,意识也是如此。当我们试图检测意识时,总是发现我们检测的是与有意识时的体验相关的脑活动变化,而不是意识本身。

　　我们就这样在环境优美的餐厅中惬意地畅谈着,加上有美酒佳肴相伴,讨论得更加热烈欢快。夜已渐深,我们喝着美酒,设想这样一个未来:技术可能会发展到一定阶段,使生物和科技之间的界限变得模糊。我们的工作正是推动这一趋势的助力之一。不久的将来,心灵感应将成为可能,不是通过两个人思想的神奇融合,而是通过技术:我们手中的超级计算机可以解码一个人的思想,然后再将其传递给另一个人。

　　二十年后,我们所说的脑机接口(BCI)会像智能手机、平板电视和平板电脑一样普及。BCI 可以读取并分析脑部的反应,然后将其转化为反映使用者意图的动作。这个动作可能像在电脑屏幕上移动鼠标那么简单,也可能像操纵机器手臂把一杯咖啡送到嘴边那么复杂。目前,科学家已开发出基于 EEG 技术的接口。有这样一个系统,在屏幕上显示有从 A 到 Z 的字母,它们纵横排列,被测者需要把注意力集中在特定的字母上。任一行及任一列字母会以看似随机的顺序闪烁。当被测者想要表达的字母亮起来时,他就将注意力集中在这个字母上,此时脑中就会产生一种被称为 P300 的微小电信号,相当于脑部发出"啊哈!"的信息。我们一直期待的事情终于发生了。EEG 可以检测到那个脑电信号,并且,通过一些相当复杂的分析,软件能解码信号发出那一刻屏幕上闪现的字母,然后在电脑屏幕上输出该字母。这不是最快的交流方式,每个字母得花上几秒钟才能打出,但稍加训练后,大多数人都能在几分钟内拼出一个短句,如"嘿!我是有意识的。"

　　不过,要让这些系统实现灰色地带的患者与外部世界畅行无阻的沟通,还有许多难关需要克服。要使用上面描述的拼写法,你必须

读心术

能在一个字母上集中注意力,这意味着你能目不转睛地盯着一个字母,而大多数灰色地带的患者做不到这一点。不过,我们和其他科学家正在设计基于声音而非视觉线索的新系统,患者只需要注意听他们心中想的字母就可以将其传达出来。

正如我们在上一章中提到的,EEG 本身也有一些技术上的局限性,部分原因是脑中产生的微弱电信号必须经过颅骨和头皮才能到达探测电极。解决这个问题的一种办法是将电极直接放置在大脑表面——当然这需要经过复杂的神经外科手术,但能产生不可思议的效果。在罗得岛州普罗维登斯市的布朗脑科学研究所,四十三岁的凯西·哈钦森(Cathy Hatchinson)已有十五年不能移动她的四肢,现在可以用她的大脑来控制机械手臂。研究人员在她脑中植入了一个传感器,与解码器相连,将她的想法转化为移动机械手臂的指令。凯西原本是一位在邮局工作并独立抚养两个孩子的单亲妈妈。1996年,她遭受严重的脑干中风,导致她处于闭锁状态——四肢瘫痪,无法说话。但是,在先进的 BCI 技术的帮助下,凯西已能操纵机械手臂伸向一罐咖啡,拿起它,并喝下她的这罐早餐咖啡。

这项新技术可能很快就能让灰色地带的患者在线上课、收发电子邮件、与他人交谈并表达内心深处的感受。不过,技术和伦理方面的挑战依然存在。脑外科手术是有风险的,在大脑表面植入电极也不应随意进行。凯西·哈钦森可以控制自己的眼睛,借助一些巧妙的程序系统,她可以慢慢地在键盘上挑选字母,从而告诉别人她是有意识的,并且她同意手术。也许,在经历了十五年四肢无法动弹的岁月后,她认为这是一个值得冒的风险。

你能想象这对灰色地带的人、阿尔茨海默症或帕金森症晚期患者来说意味着什么吗？我们正走向这样一个世界：植入脑中的电极可能会让几十年来无法表达自己意愿的患者重获自主权，掌控自己的生活，并再次主导自己的命运。那些无法发声的人将能重新说话，那些无法动弹的人将能再次活动，那些我们认为只剩下一具空壳的人将会回归现实世界，行使作为一个活生生的人该有的权利，并拥有他们过去的回忆和未来的计划。

　　灰色地带的读心术在一些意想不到的领域中也可发挥它的用武之地，如法医鉴定。2015 年，我的团队碰到了一名二十多岁的男子，丹，他在安大略省的萨尼亚头部中枪，病情危急，住进当地一家医院，并用上了生命支持系统。安大略省一直是一个安全、和平的地方，枪击案实属罕见。丹的脑部严重受损，人还活着，却已没有反应。子弹正中他的前额，从两眼间射入，穿过大脑，从顶叶和颞叶之间射出。没人知道是谁向他开的枪。如果我们对他进行扫描，并证实他是有意识的，是不是就可以让他告诉我们是谁开的枪呢？

　　特纳电视网（TNT TV）播出的剧集《罪案第六感》（*Perception*）最新一集就是以我们这项研究为原型，构建了和丹的情况几乎一模一样的情节。因为有成熟的技术，成功采访处于灰色地带的受害者是可以实现的。我们的扫描会比《罪案第六感》那一集中所花的时间更长一些，大家的颜值也可能没有剧中的演员那么高，但如果受害者是真相的最佳来源，fMRI 就能找出是谁犯下了滔天罪行。

　　丹会是那个给我们真相的受害者吗？我们赶紧去申请扫描他的许可，对此，我们必须解决一些重大的伦理问题。我们为什么要做这

读心术

个扫描？显然不单纯是为了研究的目的，也不是为了解决临床问题。我们是为了破案！我们该如何说服伦理委员会让我们去做呢？谁来行使当事人的同意权？丹的代理决策人是谁？如果他的代理决策人就是凶手怎么办？我们怎样才能知道？

我们大致拟定了一个模糊的计划，打算收集丹所有朋友和同事的名单，然后让丹躺在扫描仪里，首先问他是否知道是谁对他开的枪，如果知道就让他想象打一场网球赛。如果我们得到肯定的回答，就开始根据名单一个个去问："是约翰尼吗？是的话请想象打一场网球赛，不是就想象在自家走动。"接下来可以继续问："是戴夫吗？"……我们变得异常兴奋。它是可行的！我们的研究方法可以破案。

随后丹恢复了。就在我们斟酌研究方案的几天里，他恢复了意识。他可以根据指令举起手来。我们错过了与他沟通的机会，没能看到他仅凭自己的大脑能告诉我们什么。这对丹来说绝对是件好事，但我不免有些失落。

丹没有向我们展示 fMRI 可以对法医科学作出贡献，但迟早有一天会有这样的患者出现。我们会碰到这样的人，他无法用正常的方式与人交流，但他的想法可以被我们日新月异的科技读取出来。这尚未发生，但一定会发生。

我们在灰色地带这门科学里已解决的问题以及开发出的技术为科学研究开启了全新的可能性。那些患有诸如阿尔茨海默症等会导致认知能力衰退的神经退行性疾病的患者，他们脑中发生了什么？

希区柯克实验也许能给我们一些答案。当阿尔茨海默症患者观看悬疑大师的经典惊悚片时,他们的体验跟你我一样吗? 还是更像婴儿的体验——只有声音和视觉信息在脑中回荡,却无法理解情节的微妙转折? 如果是后者的话,我们是否应该开发出符合每个患者实际体验的辅助技术和治疗方法,而不是根据我们作为局外人所认为的患者应拥有的体验去开发相应产品? 2014 年在圣丹斯电影节上获得观众奖的纪录片《音乐之生》(*Alive Inside*),就记录了几名阿尔茨海默症患者令人动容的经历。从片中我们看到,在给患者播放他们所熟知和喜爱的音乐后,他们的生活发生了很大的转变。每个患者都和他们的音乐、他们的过去以及那些他们亲近之人认为已经消失的他们生命的某一部分建立起了某种个人的联系。这部影片完美展现了音乐如何具有唤醒个体自我意识并发现人性最深处的能力。

灰地科学的研究成果除了可用于研究阿尔茨海默症等意识退化类疾病,对所谓的动物意识的研究工作也有着很大的推动。其他动物有意识吗? 大多数人倾向地认为猿、狗和其他高级灵长类动物有某种形式的意识,但很明显,它们拥有的意识与人类的意识不完全一样。我们知道它们有着意识的框架,但这些框架没有人脑中的意识框架那样完整和稳固。可可(Koko)是一只出生在旧金山动物园西部低地的大猩猩,它学会了数千个手语和大量英文单词,但大多数人仍认为它不会使用语法或句法,它的语言能力不会超过人类幼儿期的水平。同样,许多动物,包括狗在内,都可以习得根据指令做出一系列复杂的动作,但这些动作都是后天训练出来的,它们不能像人类那样,在没有指令的情况下自发地做出这些动作,或即兴发挥(如将动作反过来做)。

蒂姆、阿克塞尔、希德和我两两相对地坐在 L 酒店的餐桌旁,思考着与成人意识、婴儿意识及机器意识有关的动物意识这个话题。令我吃惊的是,大多数科学家,不管他们在意识研究领域多么精通,仍然热衷于讨论自家宠物的"意识"。这些生物所具备的实际能力往往比你以为的要复杂得多。

尽管其他物种可能具有包括欺骗在内的初步思想形态,但似乎只有人类才全面拥有这些思维能力。其他物种的生物能像人类一样思考自己的意识吗? 能回首过去和展望未来吗? 我们无法肯定地说,但我想我们都同意,情绪体验并非人类所独有。很少有养狗的人会说他们的宠物不会表达强烈的情绪。但是,人类情绪的复杂性,以及我们通过艺术或音乐来表达自身感受的能力,无疑只有人类才具备。而且,其他物种的意识似乎并不包含与其他个体的思想进行互动。反观人类,从婴儿时期开始,我们就投入大量的时间和精力,试图去揣测他人的想法、动机、喜好和意图。不管你是否察觉,你一生中大部分时间都在试图理解他人的意识状态,并试图表达或隐藏自己的想法。

终有一天,新兴技术一定会让我们读懂别人的想法。不是以我们已经实现的那种初级方式——根据 fMRI 测得的脑活动变化解码"是"和"否"的反应,而是只要根据脑中发出的信号使用某种解码器便能准确解释和理解另一个人的想法。由此,在商业、政治和广告领域中将会产生巨大的伦理难题,它们很可能会让人一味地(有时是恶意地)窥探他人的想法。世界运行的方式会因此发生巨大改变,就像互联网和万维网出现以来所发生的改变一样。但是，我们终将会适应，这些改变会渐渐成为生活中的常态：我们的孩子从出生起就会使用这些工具，我们后代的生活模式也会被这些技术所定义。

未来会有自主性越来越高的机器出现，它们可以制订自己的行动方案，这必然要求设计者赋予这些机器一定程度的道德责任感，其在很多方面都要优于人类的责任感。人类有一种不同寻常的（有时令人不安的）本领，就是会随心所欲地去做某些事。这些事可能不对、不道德、非法或不合逻辑，但我们仍然常常一意孤行要去做。我们 DNA 中的哪些编码让我们违背逻辑，去做明显错误的事情呢？找出人类自身任性倾向的根源，可能有助于避免机器产生同样的冲动。

在思考意识的本质及按意愿行事的能力〔有人称之为能动性（agency），许多处于灰色地带的患者通常缺乏这种能力〕时，有必要考虑这样一个问题：我们有自由意志吗？尽管许多思想家都想解开这道棘手的难题，但答案可能比我们想象的要复杂得多。从威尼弗雷德和伦纳德身上我们就可以看到，人的意识是如何不断渗透到他人的生活中的。如果不参考我们的人际关系以及我们作为有意识的生命对周围世界的影响，我们很难完整地描述或理解自己。虽然我们的脑袋决定了我们是谁，但我们赋予他人的记忆、态度、观点和情感同样决定了我们的样态。即使有一天我们死了，我们的精神通常还会继续鼓舞、塑造和影响其他人的生活。

这种现象或许在所谓的集体意识（collective consciousness）中表现得最为明显。我们生活在由家庭、社区和国家组成的相互重叠的群体中，一些其他形式的圈层对这些群体进行了重新聚类，如宗教组织和体育俱乐部。由于同一个圈子里的个体彼此不断地相互影响，

读心术

这些小团体便拥有了一种能动性——决策、思考、判断、行动、组织和重组的能力。它们甚至能像代理人一样反思自己在社会中所扮演的角色,并形成某种具有共同信仰、道德态度、传统和习俗的"意志"。

集体意识产生于我们人脑之间的彼此互动,随着我们与他人、家庭、社区甚至国家的交流而不断升级。集体意识是人性的关键,使我们超越原子化的个人。它的涓滴效应(trickle-down effect)塑造了我们的信念,也助长了我们的偏见。从两人的互动到十万个志同道合的人在奥运会上欢快表演"波浪舞"时的自发、同步行为,它是所有这些共同意识体验的基础。

集体意识与某些人所说的整体意识(universal consciousness)或宇宙意识(cosmic consciousness)有共同的特征。整体意识被认为是"一片无垠、永恒的智慧能量的海洋。每个人、每个灵魂、每个意识的片段,都是这片海洋中的一滴水。我们无法划分水滴之间的界限,因为它们早已融入这个统一的能量场中"。这个隐喻的描述颇富兴味:它把我们每个人拥有的意识比作汇集成意识海洋的"一滴水"。我们不可能辨明每个个体对整体的确切贡献,很大程度上是因为生命篇章的谱写已超越我们每个个体以及个人的贡献。人生变化莫测,我们在前进的道路上共同去完成这部巨作。这也正是生活的趣味所在!

当我举杯为灰地科学的未来展望致敬时,突然想到,即使四个朋友在巴黎一家餐馆里的一次生动的谈话,其过程也是无法预测的。每个人的思想都会潜移默化地影响整个团体。会有一些想法萌芽,然后被修改、润色、丢弃或接受。未来有无限可能性,一切从源头开始向外辐射,从而创造并应对这个不断变化的世界。

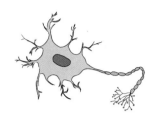

神经元

我认为，我们不需要"统一的能量场"或"无垠、永恒的海洋"之类的概念来解释意识的出现，我们只需要了解人脑本身的工作原理。人脑中的 1 000 亿个神经元各有其作用，每个神经元不只是一个晶体管或开关，它是一个微小的决策引擎，"决定"什么时候放电，什么时候静息。它们时时刻刻都在我们脑中做着无数这样的决定。正如我们先前看到的，梭状回中的某个神经元可能对某张人脸有反应，而对另一张人脸没有反应；海马旁回的某个"位置细胞"可能对某个地方有反应，而对另一个地方没有反应。有时，我们脑干或丘脑中的神经元失去了反应，我们便会陷入灰色地带。

那天在巴黎餐桌旁的我们几个人，以及世界各地的数千名同僚，都认为这些微小的决策者以及他们之间数以亿计的相互连接，是意识出现的基础，产生了我们的思维、感情、情绪、记忆和计划。每个神经元都是意识框架中的一个组成部分，正如我们每个人都是社会结构中的一员。有些神经元对意识的贡献多于其他神经元。不过对灰色地带患者的研究让我明白了非常重要的一点，即要记住，我们每个人都为整体意识作出了贡献。

我相信，意识可以还原到神经元之间相互放电产生的连接。不过，它最复杂的形式，是我们作为人类最珍视的一部分——我们的自我意识、能动性和存在感。难怪它如此难以理解。我探索灰色地带的经历让我明白，意识不是不可解释的、神秘的或形而上学的。也许可以说它是奇怪的，甚至是神奇的，特别是我们的意识还可以渗透到他人生活中这一点。意识的力量比谁都要强大，它带着我们不断地前进,到达我们未知的目的地。

　　二十年前,许多人对我们的研究主题嗤之以鼻,认为想要读取迷失在灰色地带的患者的想法是异想天开的。然而不久的将来,意识解码很快就会普及,全世界数百万人都可以用上。这就是科学的魔力,着眼于未来,解决每个难题,直到有一天,我们突然发现,自己已经取得了令人难以置信的进展,一幅清晰的画卷在我们眼前徐徐展开。自从 1997 年第一次扫描凯特以来,我们已在灰地科学的道路上展开了很长一段旅程。最终,它一定会引领我们揭示每个人脑中那片神奇宇宙的奥秘。

后　　记

　　我探索灰色地带的第一篇章在 2015 年 5 月以一种奇怪而出乎意料的方式画上了句号。那天，莫琳没有任何征兆地突然离世。我一直和菲尔保持联系——七个月前我刚见过他，那天我们在爱丁堡一起喝了啤酒。当时他告诉我，莫琳的状态仍然很稳定，还是住在那家疗养院里，还是由她的父母和家人精心照料着。她去世的那天，我正要飞往纽约市，与出版商谈论本书的出版工作。菲尔那天在脸书上联系我，说："莫琳这两天都在跟胸腔感染作斗争，终究没有扛过去，今天早上 9:20 走了。她走得很快……我想你应该想要知道这个消息。"

　　每当我想到她去世的那个时间点，跳进我脑海的一个词便是"毛骨悚然"。就在我沿着第五大道东奔西走，兜售我这本书的时候，我不得不一遍遍地向出版商解释，书中提到的莫琳恰好刚刚过世。我感觉自己就像那个老水手①。从我刚踏入灰色地带这个领域之初，莫琳就与之纠缠不清，二十年来她也一直影响着我的生活。尽管从那一刻起，她彻底挥别了灰色地带，却仍旧以她惯常的方式存在着，以

---

　　① 英国诗歌《古舟子咏》里的主人公，他拉住过往的路人，给他讲自己的故事。（译者注）

奇怪而不可意料的方式继续影响着我的生活,她总能发出她的声音,总是她说了算。只不过现在,她是在另一个世界施加影响。

我已经有二十多年没见过莫琳了,但她的辞世仍让我刻骨铭心。我深刻地感受到这二十年来她对我生命历程的影响,尽管我自己很少坦白承认这一点。她对我的影响很难量化,更加难以言喻。曾经的激烈争吵引起的怨恨早已消弭殆尽,但是我意识到,对她曾经坚持的观点,即照护病人才是重中之重,我仍然在以某种方式做着回应。

撇开那些精巧的实验和炫目的技术,灰地科学的核心是找到那些意识迷失他方的人,并且将他们与他们所爱之人和牵挂他们之人建立起联系。每次建立起来的联系至今仍感觉像是一次奇迹。当我写下这些时,我可以听到莫琳在大笑,双眼眯起,全身闪耀着智慧的光芒。"我早就跟你说过,"她会说,"你看吧,照护病人才是核心。"我承认她是对的。二十多年前开启的一场科研之旅,本是为了探索人脑的奥秘,经历岁月的洗礼,已进化成为一趟完全不同的旅程:寻求帮助患者脱离那片泥沼的方法,将他们从灰色地带带回来,重新在我们这片生机勃勃的土地上拥有一席之地。

图书在版编目（CIP）数据

生命之光：神经科学家探索生死边界之旅 /（英）艾德里安·欧文著；胡楠茶，狄海波译. — 上海：上海教育出版社，2022.3
（"科学的力量"丛书.第三辑）
ISBN 978-7-5720-1243-3

Ⅰ.①生… Ⅱ.①艾… ②胡… ③狄… Ⅲ.①神经科学 – 普及读物
Ⅳ.①Q189- 49

中国版本图书馆CIP数据核字(2022)第031506号

责任编辑　徐建飞　章琢之　卢佳怡　朱颖婕
封面设计　陆　弦
特约主审　刘飞利
特约编辑　何静好
绘　　图　肖　活　刘郅雄

"科学的力量"丛书.第三辑
生命之光
——神经科学家探索生死边界之旅
[英] 艾德里安·欧文　著
胡楠茶　狄海波　译

出版发行　上海教育出版社有限公司
官　　网　www.seph.com.cn
地　　址　上海市闵行区号景路159弄C座
邮　　编　201101
印　　刷　上海盛通时代印刷有限公司
开　　本　890×1240　1/32　印张 8.5　插页 2
字　　数　189 千字
版　　次　2022年5月第1版
印　　次　2022年5月第1次印刷
书　　号　ISBN 978-7-5720-1243-3/R·0009
定　　价　50.00 元

如发现质量问题，读者可向本社调换　　电话：021-64373213

　　以欧文教授的科研成果为引领，中加两国科学家共同努力，力争在神经科学特别
是对脑和意识的研究中取得新的突破。
——加拿大西安大略大学欧文教授同事　凌挺